三峡库区水生态空间管控及制度研究

王冠军　郎劢贤　刘卓　等◎著

中国三峡出版传媒
中国三峡出版社

图书在版编目（CIP）数据

三峡库区水生态空间管控及制度研究 / 王冠军等著.
—北京：中国三峡出版社，2023.12
ISBN 978-7-5206-0301-0

Ⅰ. ①三… Ⅱ. ①王… Ⅲ. ①三峡水利工程-水环境-生态环境-研究 Ⅳ. ①X143

中国国家版本馆 CIP 数据核字（2023）第 229267 号

责任编辑：危 雪

中国三峡出版社出版发行
（北京市通州区粮市街2号院 101199）
电话：（010）59401531 59401529
http://media.ctg.com.cn

北京世纪恒宇印刷有限公司印刷 新华书店经销
2023 年 12 月第 1 版 2023 年 12 月第 1 次印刷
开本：710 毫米 ×1000 毫米 1/16 印张：10
字数：200千字
ISBN 978-7-5206-0301-0 定价：69.00元

前言

党中央、国务院高度重视长江流域保护治理工作。习近平总书记讲话指出，要把修复长江生态环境摆在压倒性位置，共抓大保护、不搞大开发。三峡工程是治理和开发长江的关键性骨干工程，控制长江上游流域面积约 100 万 km^2。三峡库区是指三峡工程淹没区涉及有移民任务的 20 个市（县），总面积约 7.9 万 km^2。做好三峡库区水生态空间管控，是发挥三峡工程防洪、发电、航运、水资源利用等综合效益及建立长江流域生态屏障的重要措施，对实现长江经济带高质量发展具有基础性、支撑性、保障性的作用。

受水利部三峡工程管理司委托，水利部发展研究中心组织开展了三峡库区空间管控相关研究。在研究基础上，编写了《三峡库区水生态空间管控及制度研究》。本书分析梳理了我国空间管控实践与研究进展，阐述了三峡库区水生态空间管控内涵，明确了三峡库区水生态空间分区，提出了不同空间管控的制度要求和相关对策建议，可为相关科研管理提供参考。

在本书撰写过程中，郎劢贤、李禾澍参与了第一章编写，王冠军、刘卓、李禾澍参与了第二章编写，王冠军、郎劢贤、孟博参与了第三章编写，王冠军、陈晓、孟博参与了第四章编写，王冠军、刘卓、孟博参与了第五章编写，郎劢贤、陈健参与了第六章编写。同时，本书的出版得到了水利部三峡工程管理司、中国长江三峡集团有限公司、长江勘测规划设计研究有限责任公司等单位领导和专家的大力支持。刘小勇、陈思宝、王佳怡、生悦诚等参加了本书相关研究工作，他们为本书的出版做出了重要贡献，在此一并表示衷心的感谢！

由于水平所限，书中不足之处敬请广大读者批评指正。

作　者

2023 年 10 月

目录

第一章

三峡工程及生态环境概况

本章主要阐述研究背景和目标，介绍三峡工程及其库区管理概况，综述我国空间管控相关实践与研究进展。

第一节　研究背景与目标

一、研究背景

党的十八大以来，以习近平同志为核心的党中央把生态文明建设纳入中国特色社会主义事业“五位一体”总体布局，提出了“绿水青山就是金山银山”“人与自然和谐共生”等一系列新理念。2016年1月、2018年4月、2020年11月、2023年10月，习近平总书记围绕长江经济带发展主持召开了四次座谈会并发表重要讲话，要求“当前和今后相当长一个时期，要把修复长江生态环境摆在压倒性位置，共抓大保护，不搞大开发”。2016年10月，中共中央、国务院印发实施的《长江经济带发展规划纲要》明确了“生态优先、流域互动、集约发展”思路，确立了“一轴、两翼、三极、多点”格局，为落实长江经济带功能定位及各项任务提供了空间布局基础。

三峡工程作为“国之重器”，是长江治理保护的关键性骨干工程，控制长江上游流域面积约100万km^2，发挥着防洪、发电、航运、水资源利用等综合效益。三峡工程建成后，显著改变了库区及周边地区的气候、地理、生态、社会经济环境，形成了复杂的空间结构关系。因修建三峡工程形成的独特地理单元——三峡库区，既是做好长江大保护的关键节点和构建西部地区生态屏障的重点区域，也是推进长江经济带高质量发展的重要组成部分，对实现三峡工程综合效益具有基础性、支撑性、保障性的作用。

国土空间管控是为实现生态环境保护目标，对国土空间上的人类活动进行约束和规范。水生态空间管控是国土空间管控的重要组成内容。三峡库区水生态空间管控是贯彻落实习近平总书记关于长江流域“共抓大保护，不搞大开发”指示批示要求，支撑长江经济带高质量发展战略的重要举措，也是充分发挥三峡工程防洪、发电、航运、水资源利用等综合效益的重要保障。

《中华人民共和国长江保护法》（以下简称《长江保护法》）对长江流域水生态保护修复作出了重要的制度安排，规定“制定河湖岸线保护规划，严格控制岸线开发建设，依法划定河湖岸线保护范围，严格分区管理和用途管制，强化岸线利用监管，促进岸线合理高效利用”。深入贯彻党的二十大关于“推动重要江河湖库生态保护治理”的精神和全面落实《长江保护法》的新要求，亟须开展三峡库区水生态空间管控及制度研究。

二、研究目标

通过辨析三峡库区水生态空间管控概念的内涵，梳理《长江保护法》《长江三峡工程建设移民条例》《三峡水库调度和库区水资源与河道管理办法》《重庆市三峡水库消落区管理办法》等现行法律法规规章及规范性文件中相关空间管控的制度及要求，分析当前三峡库区水生态空间管控现状及存在的主要问题，研究分区管控方案及目标，构建管控制度框架与主要管控指标，提出强化三峡库区水生态空间管控的对策建议，为三峡工程综合效益发挥、库区高质量发展及长江流域生态环境保护提供技术支撑。

第二节　三峡工程及库区空间概况

一、三峡工程概况

三峡工程是治理和保护利用长江的关键性骨干工程。三峡水库正常蓄水位175m，相应库容393亿m^3，电站总装机容量2 250万kW，双线五级船闸年单向设计通过能力5 000万t。三峡工程包括枢纽工程、移民工程和输变电工程。三峡水库主要涉及水利枢纽工程和移民工程。

（一）三峡水利枢纽工程

三峡水利枢纽工程坝址位于长江西陵峡中段湖北省宜昌市三斗坪镇，距下游葛洲坝水利枢纽和宜昌市区约40km，坝址控制流域面积100万km^2，年平均径流量4 510亿m^3。枢纽主体建筑物包括拦河大坝、电站建筑物、通航建筑物及茅坪溪防护工程。挡水、泄水建筑物按千年一遇洪水设计，主要建筑物地震设计烈度为Ⅶ度。

拦河大坝为混凝土重力坝，轴线长2 309.5m，坝顶高程185m，最大坝高181m，最大泄洪能力为11.6万m^3/s，主要由泄洪坝段、左右岸厂房坝段和非溢流坝段等组成。电站建筑物由坝后式电站、地下电站和电源电站组成。坝后式电站厂房安装26台单机容量为70万kW的水轮发电机组；地下电站安装6台单机容量为70万kW的水轮发电机组；电源电站为确保枢纽安全运行的主供电源，安装2台5万kW的水轮发电机组。三峡水电站设计年平均发电量882亿kW·h。通航建筑物包括两线梯级船闸和一线垂直升船机。梯级船闸为双线五级连续船闸，闸室有效尺寸280m×

34m×5m（长 × 宽 × 槛上最小水深，下同），可通过万吨级船队；升船机为三峡工程船舶过坝快速通道，采用全平衡齿轮齿条爬升式垂直升船机，承船厢有效尺寸 120m×18m×3.5m，可通过 3 000 吨级客货轮。茅坪溪防护工程由防护大坝和泄水建筑物组成。防护大坝轴线长 889m，坝顶高程 185m，最大坝高 104m；泄水建筑物全长约 3 104m，最大泄流量 1 220m^3/s。

三峡工程在长江流域乃至全国经济社会发展中具有重要地位，具有防洪、发电、航运、水资源利用、生态环境保护等功能效益。

1. 防洪

长江流域洪水灾害分布广、损失大，尤以中下游平原地区最为严重，是中华民族的心腹之患。三峡工程紧邻长江防洪形势最为严峻的荆江河段，能直接控制荆江河段洪水来量的95%以上，武汉以上洪水来量的67%左右。三峡工程建成运行后，具有防洪库容 221.5 亿 m^3，可使荆江河段防洪标准由十年一遇提高到百年一遇；面对超过百年一遇至千年一遇洪水，可控制枝城泄量不超过 8 万 m^3/s，在荆江分洪区和其他分蓄洪区的配合下，避免江汉平原和洞庭湖平原发生毁灭性灾害；同时有利于减少城陵矶附近地区分洪量和分洪损失，降低长江中下游洪水淹没损失，减轻洪水对武汉市的威胁。利用三峡工程的防洪库容，对长江上游洪水进行控制调节，是减轻长江中下游洪水威胁，保障两岸人民生命财产安全最有效的措施。因此，三峡工程是长江中下游防洪的关键性工程。

2. 发电

三峡水电站总装机容量 2 250 万 kW，是迄今为止世界上总装机容量最大的水电站，在我国能源布局中具有极其重要的战略地位。三峡水电站设计多年平均年发电量 882 亿 kW·h。2003—2021 年，三峡水电站累计发电量为 15 028 亿 kW·h，有效缓解了华中、华东地区及广东省的用电紧张局面，惠及湖北、湖南、河南、江西、安徽、江苏、上海、浙江、广东和重庆 10 省（直辖市），促进了当地的经济社会发展。三峡水电站将和华中、华东地区已建、在建和拟建的电站群相结合，使西电东送和北煤南运相结合，将有力解决华中、华东地区的缺电问题，极大地提高电网的经济性和可靠性。

三峡输变电工程的建成和电力系统规模的扩大，使电网动态调节性能得到改善，抵御事故冲击的能力得到提高，降低了影响安全的风险，也为大容量、高效率机组的推广应用创造了有利条件，充分发挥了电网互联的安全、规模效益和互为备用效益。同时，三峡水电站发电量巨大，对改善我国的能源结构有着重要的作用。

3. 航运

三峡工程建成运行后，重庆以下川江航道得到了显著改善，增加了宜昌下游的枯水流量，结合整治工程改善了中游浅滩河段的航道条件，提高了通航能力，常年库区航道尺度达到Ⅰ级航道标准，在水库高水位运行期，三峡大坝至重庆的川江航道具备通行万吨级船队和 5 000t 级单船的航道条件。自 2003 年通航以来，三峡船闸已安全高效运行 19 年，通航管理部门实施长江流域联动调度、通过船舶 100% 安检以及规定符合升船机通航技术要求的船舶可优先通过等措施，进一步挖掘了三峡船闸的通航潜力。

三峡水库蓄水后，库区回水延伸，增强了乌江、嘉陵江等重要支流航道与干线的衔接，同时渠化了小江、大宁河、香溪河、神农溪等 20 余条库区支流航道，促进了长江上游航道网的建设，为高标准进行库区港口航道建设和管理创造了有利条件。

三峡工程通过枯水季节流量调节，将葛洲坝以下的最小流量由不到 3 000m^3/s 提高至 5 500m^3/s 以上，结合航道的整治和维护，增加了航道水深，有效改善了长江中游航道航行条件。

4. 水资源利用

三峡水库蓄水至 175m 后，具有兴利库容 165 亿 m^3，成为我国重要的淡水资源战略储备库。三峡水库利用巨大的调节库容“蓄丰补枯”，平均可增加枯水期下游流量 2 000m^3/s，对于保障长江中下游用水安全、流域水资源管理和南水北调等方面具有非常重要的作用。三峡水库水资源调度任务，与防洪、发电、航运任务一样，是三峡水库综合利用调度的主要任务。目前，三峡水库已连续多年成功蓄水至175m正常蓄水位，11—12月维持在高水位运行，同时下泄流量按照庙嘴水位不低于39.0m和三峡水电站保证出力对应的流量进行控制。此外，三峡水库有可调蓄库容165亿～221.5亿m^3，使其在突发水环境、水安全等事故时，具有应急调控的能力。

5. 生态环境保护

三峡工程建设以来，为响应环境影响报告书中关于“人造洪峰”以刺激四大家鱼繁殖的建议，有关各方于2011年以来持续组织开展促进坝下游四大家鱼自然繁殖生态调度试验。调度试验一般于5月中下旬至6月中上旬开展。结合汛前腾空库容的需要，三峡水库通过蓄泄结合调度的方式形成1～2次持续时间较长（10天左右）的涨水过程，开展促进四大家鱼自然繁殖的生态调度试验，每年实施1～3次。2011—2021年三峡水库连续11年共实施了16次促进四大家鱼自然繁殖的生态调度试验（10次发生在三峡水库集中消落期），其中，2012、2015、2017、2018、2021年为2次，其他年份为1次。2017年5月首次开展了溪洛渡—向家坝—三峡梯级水库联合生态调度试验，向家坝水库和三峡水库同步加大出库流量，满足生态调度试验要求，对促进川渝河段重要产漂流性卵鱼类的自然繁殖也起到了一定作用。根据沙市断面的监测数据分析，11年来，四大家鱼鱼卵年径流量呈现波动上升，其中，2019年达到6.68亿粒，2020年达到20.22亿粒，2021年为2011年监测以来的最高值，达到84亿粒，生态调度的涨水过程对促进四大家鱼繁殖具有明显效果。

2020年5月、2021年4月和5月，针对产黏沉性卵鱼类繁殖需求，三峡水库开展针对产黏沉性卵鱼类繁殖的生态调度试验；通过调节出库流量，控制每天水位下降的幅度小于0.2m，减缓库区水位逐日消落速度，以提高沿岸带浅水水域的鱼卵成活率。试验效果监测结果显示，生态调度试验对于保障该期间库区鲤、鲫卵的孵化和早期存活起到了一定的积极作用。

另外，三峡水电站发出的电力是优质清洁能源，投产以来至2021年底，累计发电量相当于节约标准煤 4.60 亿 t，减少二氧化碳排放量 12.02 亿 t，节能减排效益显著，促进了绿色发展和环境保护。

（二）移民工程

三峡工程移民安置坚持开发性移民方针，实行国家扶持、各方支援与自力更生相结合的原则，采取前期补偿、补助与后期生产扶持相结合的方式，使移民的生产、生活达到或者超过原有水平。移民安置实行“统一领导、分省（直辖市）负责、以县为基础”的管理体制和移民任务、移民资金“双包干”。

1985—1992 年，三峡工程移民安置开展试点。1993 年，移民安置正式开始连续实施。2009 年 12 月底，初步设计阶段确定的移民安置规划任务如期完成。三峡工程建设累计完成移民 131.03 万人，其中，坝区移民 1.39 万人，三峡库区城乡移民搬迁安置 129.64 万人（重庆库区 111.96 万人，湖北库区 17.68 万人）。完成农村移民生产安置 55.52 万人，搬迁安置 55.07 万人（含外迁安置 19.62 万人）；县城（城市）迁建 12 座、集镇迁建 106 座，搬迁安置 73.84 万人，复建房屋 2 473.26 万 m^2。按照加大工矿企业结构调整政策，采取搬迁改造、破产关闭和一次性补偿销号等方式，妥善安排需要迁（改）建的 1 632 家工矿企业，采取企业自建、政府统建和职工自购等方式妥善解决了职工住房。完成专业工程项目 2 311 个，其中复建公路 1 320.17km、大型桥梁 222 座，复建或补偿销号港口码头 91 座，复建或补偿水电站 91 座、抽水站 133 座，复建高压输电线路 3 822.70km、通信线路 4 592.92km、有线传输线路 5 966.37km、天然气干线管道 108.09km；完成文物保护项目 1 128 处；移民安置规划确定的滑坡处理、环境保护、防护工程、库底清理等任务已全部完成。农村移民安置、城（集）镇迁建、工矿企业处理、专业项目迁（复）建、文物保护以及库底清理等都达到或超过了规划标准，实现了移民安置规划目标，有力保障了移民搬迁安置和库区经济社会发展需要，并经受了 175m 试验性蓄水运行的检验，库区社会总体和谐稳定。

二、三峡库区相关空间概况

三峡库区是指三峡工程淹没区涉及有移民任务的20个市（县），总面积约7.9万km^2。该区域内的水文过程、经济社会发展需求及土地开发利用情况等，对三峡水库的水安全、水生态、水环境及三峡工程综合效益的发挥具有显著作用。依据与三峡工程的影响关系不同，三峡库区相关空间可以分为对三峡工程有直接影响的空间（即移民迁建线以下区域）和对三峡工程有间接影响的空间（即移民迁建线以外区域）。

（一）移民迁建线以下区域

根据《长江三峡工程水库淹没处理及移民安置规划大纲》，人口、房屋、中小型工矿企业、大型工矿企业的附属建筑物、专业项目等的淹没线为坝前177m高程（175m高程正常蓄水位加2m风浪浸没影响）按相应的20年一遇洪水和11月20年一遇来水的设计回水水面线；大型工厂主要车间淹没线为坝前177m高程水平线按百年一遇洪水的设计回水水面线。考虑防洪和泥沙淤积的影响，库区搬迁建设最低高程为：城（集）镇、农村居民点等，在涪陵以下为182m，长寿为188m，重庆为196m；大型工矿企业主要车间，丰都以下为182m，涪陵为185m，长寿为191m，重庆为200m。

移民迁建线以下区域，包括三峡水库水域和水陆交替出现的消落带，也是三峡水库的水域岸线空间。

1）水域空间部分。该区域包含三峡水库的全部水域面积，对三峡水库航运和水质的管控尤为重要。

2）消落区部分。三峡水库水位随季节和工程调度变化，在145m水位和175m水位的变动区，形成了落差30m左右的人造消落区。该区域内的空间开发利用，是三峡水库水生态空间管控的核心和难点。

3）在 175m 蓄水位以上移民迁建线以下的区域。该区域属于水域岸线与陆域涉水生态空间的缓冲过渡区域，对三峡水库生态安全及三峡工程综合效益的发挥也起到重要的作用。

（二）移民迁建线以外区域

移民迁建线以外区域，既包括城镇建成区、重要农产品生产区和一般农业耕作区，也包括重要生态功能区。从维护生态系统健康的空间管控角度看，该区域主要是指涵养水源和保持水土的陆域涉水生态空间，其中必须严格保护的区域有自然保护区、湿地公园、森林公园、风景名胜区、地质公园、自然文化遗产地、饮用水源保护区等严格保护的区域和生物多样性保护区、土壤保持区、水源涵养区等重要生态功能区域。移民迁建线以外区域保护空间类型详见表 1-2-1。

表 1-2-1　移民迁建线以外区域保护空间类型

类型	类别	功能定义
严格保护的区域	自然保护区	对有代表性的自然生态系统、珍稀濒危野生动植物物种的天然集中分布、有特殊意义的自然遗迹等保护对象所在的陆地、陆地水域或海域，依法划出一定面积予以特殊保护和管理的区域
	湿地公园	以湿地良好生态环境和多样化湿地景观资源为基础，以湿地的科普宣教、湿地功能利用、弘扬湿地文化等为主题，并建有一定规模的旅游休闲设施，可供人们旅游观光、休闲娱乐的生态型区域
	森林公园	天然公园保有自然景观，具有一至多个生态系统和独特的森林自然景观的地区建立的公园，是保护其范围内的一切自然环境和自然资源，并为人们游憩、疗养、避暑、文化娱乐和科学研究提供良好环境的区域
	风景名胜区	具有观赏、文化或者科学价值，自然景观、人文景观比较集中，环境优美，可供人们游览或者进行科学、文化活动的区域
	地质公园	具有特殊地质科学意义、稀有的自然属性、较高的美学观赏价值，以具有一定规模和分布范围的地质遗迹景观为主体，并融合其他自然景观与人文景观而构成的一种独特的自然区域

续表

类型	类别	功能定义
严格保护的区域	自然文化遗产地	分布在国家内的自然遗产、文化遗产和自然文化双重遗产等，具有突出的普遍价值的天然名胜或明确划分的自然区域
	饮用水源保护区	给城镇居民生活及公共服务用水的取水工程提供水源的地域
重要生态功能区域	生物多样性保护区	因具有突出的生物多样性价值而需要被合理保护的区域
	土壤保持区	为防治水土流失问题而需要被合理保护的区域
	水源涵养区	以提供水源涵养和补给为主要生态功能的，位于大江大河或重要河流源头以及对于河湖水源补给与保护具有重要作用的生态空间，和对地下水基流补给以及重要名泉泉域的水源补给、涵养与保护具有重要作用的生态空间

第三节　我国空间管控实践与研究进展

在国土空间管控方面，通过划定“生态保护红线、环境质量底线、资源利用上线”，划分农业空间、城镇空间和生态空间，实现分区施策差异化管控。在涉水工程的生态空间管控方面，丹江口水库结合水库功能要求、生态环境特点和人类活动情况等，对水域和岸线实行分区管控，为健全水库水生态空间管控提供了示范样本。

一、国土空间“三区三线”管控

加强国土空间的生态管控制度建设，建立以空间管控为手段、环境质量管理为核心的源头预防体系，是破解我国生态环境保护管理体制机制、方式以及手段难题，提高生态环境保护系统化、精细化水平的有效途径。

（一）管控分区

1. 生态保护红线划定

《中华人民共和国环境保护法》明确提出“国家在重点生态功能区、生态环境敏感区和脆弱区等区域划定生态保护红线，实行严格保护”。中共中央办公厅、国务院办公厅先后印发了《省级空间规划试点方案》《关于划定并严守生态保护红线的若干意见》，要求建立空间规划体系，划定并严守生态保护红线。生态保护红线的划定和管控已从理论探索和区域试点走向加快制定和全面实施，如图 1-3-1 所示。为指导全国生态保护红线划定工作，2017 年 5 月，环保部、国家发展改革委印发的《生态保护红线划定指南》，重点明确了陆地国土空间生态保护红线的划定程序和要求。同年 12 月，环保部印发《“生态保护红线、环境质量底线、资源利用上线和环境准入负面清单”（以下简称“三线一单”）编制技术指南（试行）》。

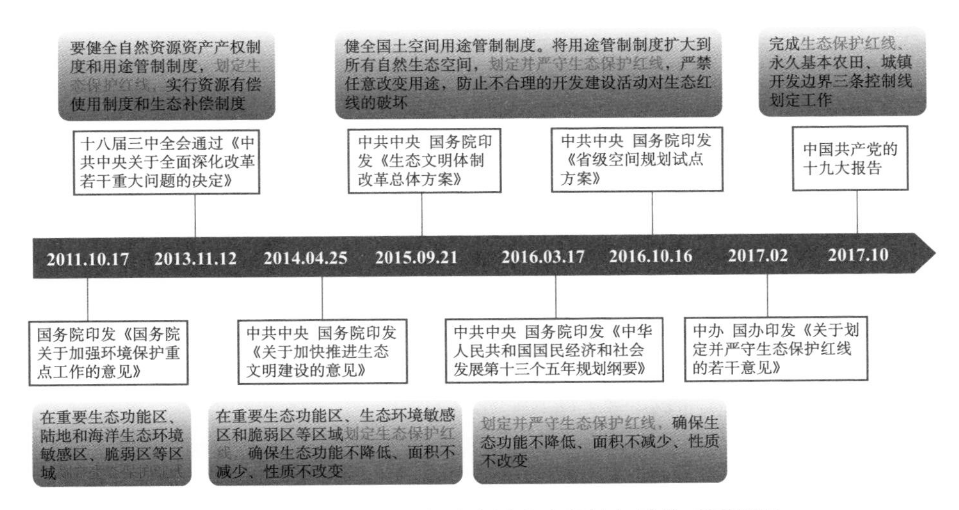

图 1-3-1　党中央、国务院有关生态保护红线的系列部署

部分省（直辖市）划分涉水生态保护红线，具体类型详见表 1-3-1。通过分析可以看出，各省（直辖市）涉水生态保护红线划分类型的一致性、协调性、系统性较差，与《关于划定并严守生态保护红线的若干意见》要

求有一定差距。其中，部分省（直辖市）水生态保护类型较为全面，如江西、陕西的水生态保护红线包括水域岸线保护、饮用水水源保护、洪水调蓄、水土保持、水源涵养、重要水生生境保护等类型；部分省（直辖市）的水生态保护红线类型较少，如浙江省仅包括饮用水水源保护区、涉水禁止开发区域等。

表 1-3-1　部分省（直辖市）涉水生态保护红线类型

序号	省（直辖市）	水生态保护红线类型
1	江苏	涉水的自然保护区，湿地公园，饮用水水源地保护区，洪水调蓄区，重要水源涵养区，重要渔业水域，重要湿地，清水通道维护区，太湖重要保护区，涉水的特殊物种保护区
2	天津	山（涉水的自然保护区、水源涵养区），河（主要一级河流、输水河道），湖（水源水库、其他重要水库），湿地（湿地自然保护区、洼淀、盐田）
3	上海	涉水自然保护区，饮用水水源保护区，重要湿地，重要河道，涉水的重要野生动物栖息地等
4	湖南	重点生态功能区（水源涵养功能区、水土保持功能区），生态敏感区（水土流失、石漠化敏感区），禁止开发区（涉水的国家级自然保护区）
5	江西	涉水的自然保护区，重要湿地与湿地公园，饮用水水源保护区，洪水调蓄区，重点生态功能区（水源涵养区、土壤保持区、鄱阳湖湖滨控制开发带等）
6	湖北	水源涵养重要区，土壤保持重要区，水土流失敏感区，石漠化敏感区，饮用水水源保护区，涉水的省级（含）以上自然保护区，重要水域保护区，国家级水产种质资源保护区，省级（含）以上湿地公园等
7	海南	涉水的生物多样性保护区，水产种质资源保护区，水源保护与水源涵养区，水土保持区，湖滨带保护红线区，河滨带保护红线区，湿地公园
8	山东	水源涵养（包含森林），土壤保持，防风固沙
9	浙江	饮用水水源保护区，涉水禁止开发区域
10	四川	水源涵养、土壤保持等重点生态功能区，生态敏感区，涉水的自然保护区，饮用水水源保护区，其他区域（国家级湿地公园、国家级水产种质资源保护区等）

续表

序号	省（直辖市）	水生态保护红线类型
11	陕西	涉水的自然保护区，饮用水水源保护区，湿地公园，重要湿地，水产种质资源保护区，洪水调蓄区，重要水库，国家良好湖泊，重点生态功能区（重要水源涵养、土壤保持、防风固沙），生态敏感脆弱区（土地沙化和水土流失）等
12	重庆	水源涵养区、水土保持区等重要生态功能区，生态敏感区（水土流失、石漠化敏感区），涉水禁止开发区，饮用水水源保护区，湿地公园，三峡水库消落区等
13	贵州	禁止开发区（涉水的自然保护区、国家重要湿地，国家湿地公园，千人以上集中式饮用水水源保护区，国家级和省级水产种质资源保护区），石漠化敏感区

《生态保护红线划定技术指南》未对水生态保护红线划定提出明确意见，尚未建立系统完善的水生态保护红线类型体系，这既不利于指导各地水生态保护红线的划定工作，也对全国生态保护红线的协调、汇总工作造成较大困难。同时，由于各地对水生态系统的结构和功能保护缺乏系统性、整体性考虑，客观上存在各自为战的状况，不利于推进流域上下游山水林田湖草的整体保护和系统修复工作。

2. 分区管制

目前，部分省（直辖市）在“三线”基础上，综合叠加生态、水、大气和土壤等要素管控分区和行政区域、工业园区、城镇规划边界等，统筹划定了优先、重点和一般 3 类环境管控单元，共划分综合管控单元 1 万余个，重点地区空间管控精度达到乡镇及园区级别。针对管控单元，各省（直辖市）总体采用结构化的清单模式，从省域、区域、市域不同层级，对环境管控单元提出了具体的生态环境准入要求，基本达到了宏观管控的制度设计要求。

分区管制成为环境保护由微观走向宏观的纽带。分区管制的目的在于建立完善的规划管制体系，实现以精细化和精准化管理为核心，将国家战略宏观规划与微观项目环评进行系统连接，使环境保护专项规划、环境影响评价和环境区划的编制有所依据。因此，分区管制制度是环境要素之集成，是规划环评、项目环评之依据，是环境保护工作之纲领。

分区管制的对象是生态环境，针对国土空间的各区域，在城市全域层面表现为农业空间、城镇空间和生态空间 3 类空间（以下简称“三区”），通过区别对待，分区施策，实现差异化、多空间、多要素的有效管制。例如，通过分区管制在现状基础上体现生态安全，在生态恶化地区体现生态恢复的要求，在未来发展中突出生态文明，在经济全球化的竞争中体现生态环境高质量和可持续发展。

分区管制的手段趋于多元化，包括经济手段、行政手段和社会手段。依托经济、法律、法规、规章、社会监督等物质和非物质手段以及生态环境战略规划手段，实施生态环境前端管制，引导生态环境良性发展。同时，制度化的分区管制将推动各地从被动保护环境向主动保护环境转变，将环境保护作为各地发展的生产力之一或主要竞争力。此外，推进的方式多样化也可以有效保障生态管制的结果。

（二）主要措施

1. 区域空间生态环境评价背景

区域空间生态环境评价是建立“三线一单”生态环境分区管控体系的重要平台，是生态文明建设和生态环境保护的一项基础性工作，对贯彻落实习近平生态文明思想、加强生态环境保护、健全国土空间开发保护制度、推动高质量发展具有重要意义。

2018 年 9 月，为指导各地以区域空间生态环境评价为工作平台，加快编制“三线一单”，建立生态环境分区管控体系，生态环境部印发了《区域空间生态环境评价工作实施方案》，提出根据《生态保护红线划定指南》等文件，系统收集整理相关基础数据，开展社会经济环境基础与形势分析，识别需要严格保护的区域，衔接落实生态保护红线、环境质量底线、自然资源利用上线，明确环境管控单元，制定生态环境准入清单。

2. 基础性制度

规范整合基础数据。收集整理基础地理、生态环境、国土开发等数据资料，对数据资料进行标准化处理和可靠性分析，建立基础数据库。对相关规划、区划、战略环评的宏观要求进行梳理分析。开展自然环境状况、资源环境禀赋、社会经济发展和城镇化形势等方面的综合分析，建立统一规范的工作底图。

空间管控底线。遵循环境质量不断优化的原则，确立环境质量底线。对于环境质量不达标区，环境质量只能改善不能恶化；对于环境质量达标区，环境质量应维持基本稳定，且不得低于环境质量标准。环境指标底线的确定，要充分衔接相关规划的环境质量目标和达标期限要求，合理确定分区域分阶段的环境质量底线目标。评估污染源排放对环境质量的影响，落实总量控制要求，明确基于环境质量底线的污染物排放控制和重点区域环境控制要求。

环境质量提升。强化污染防治，严守生态保护红线，同步推进“三线一单”管控，切实保障了生态环境安全；强化转型升级，优化空间布局，同步推进“三线一单”运用，实现了绿水青山向金山银山的转变。针对强化生态保护红线、环境质量底线、资源利用上线和生态环境准入清单“三线一单”源头管控，督促各地将生态环保、安全生产、节能减排、提质增效统一于高质量发展，从而实现环境与经济发展双提质。

强化空间－承载－质量协同。针对管控分区，根据资源环境承载能力和耗损程度，分别制定差异化、可操作的综合性管控措施，逐步将各类开发活动限制在资源环境承载能力之内，建立资源环境承载能力监测预警长效机制。全面落实规划环评要求，调整优化不符合“三线一单”要求的产业布局、规模和结构，严格控制重点流域、重点区域环境风险项目。通过“三线一单”尤其是环境准入负面清单的实施，不断优化空间产业布局，提升空间发展质量，实现空间－承载－质量的协同优化。

二、丹江口水库生态空间管控

2016年，水利部启动丹江口水库水流产权确权试点工作，涉及丹江口水库管理范围内水域、岸线等水生态空间范围划定、确权登记等内容，为贯彻落实《生态文明体制改革总体方案》，健全水库水生态空间管控提供了示范样本。

（一）水库消落区管控

丹江口水库消落区管控以水质保护为前提，以地形和环境条件为基础，根据水库功能要求、消落区范围、环境敏感对象分布、生态环境特点、人类活动现状及已有涉水工程等实际情况，将消落区划分为生态保护区、生态保留区、生态修复区3类，实现分区管控。

1. 生态保护区管控

管控原则：生态保护区内禁止新建、改建、扩建与保护无关的建设项目和从事与保护无关的涉水活动，尽可能减少对自然生态系统的干扰；必须实施的防洪护岸、基础设施、民生设施等事关公共安全及公众利益的建设项目，须经充分论证并严格按照法律法规要求履行相关许可程序。

管控措施：对于生态保护区，加强巡查监管；重点区域设置防护网，隔离防护，并在人口密集区配置监测设施和在线监测设备，实现封闭式、动态化、可视化管理，避免人类活动对消落区的不利影响。

2. 生态保留区管控

管控原则：生态保留区内原则上避免人类活动干预，维持其原有状况，促进其自然发育。

管控措施：对于生态保留区，通过勘界立碑、布设标识牌和宣传牌、局部设置防护网和监控设备，以及宣讲政策、科普消落区生态作用和生态价值等措施，增强库周居民环境保护意识，形成全社会合力参与水库保护的格局，减少人类活动干扰；积极运用遥感、空间定位、卫星航片等科技手段，对重点消落区进行动态监控，及时发现围垦河湖、侵占岸线、水域变化、非法采砂等情况，遏制无序开发、违法占用消落区等行为，确保消落区植物自然恢复，维持消落区生态系统平衡和稳定，有效保护消落区生态环境和水库水质。

3. 生态修复区管控

管控原则：生态修复区内需采取适度人工修复措施，促进水生态环境保护、植物群落构建、湿地生态系统恢复。

管控措施：对于生态修复区，开展科学研究及试点示范，开展消落区植被恢复生态监测，加大湿地公园保护和建设力度，建设滨江生态带，植被恢复及土壤修复，工程治理等。

（二）岸线管控

丹江口水库岸线范围，依据《全国河道（湖泊）岸线利用管理规划技术细则》，结合丹江口水库洪水回水特点以及水库岸线管理经验，按正常蓄水位 170m 土地征收线确定临水控制线，按坝前设计洪水位 172.2m 确定外缘控制线。采用 170m 土地征收线，统计岸线长度。岸线实行分类管理，分为岸线保护区、岸线保留区、岸线控制利用区和岸线开发利用区 4 类。

1. 岸线保护区管控

根据保护目标有针对性地进行管理。严格按照相关法律法规的规定，禁止建设可能危害防洪安全、库岸稳定、供水安全、水生态环境保护以及独特的自然人文景观保护等建设项目。按照相关规划在岸线保护区内必须实施的防洪护岸、地质灾害防治、基础设施等事关公共安全及公众利益的建设项目，须深入分析论证对防洪安全、供水安全、水生态环境保护的影响，并严格按照法律法规要求履行相关许可程序。

2. 岸线保留区管控

原则上暂不开发利用。因防洪安全、供水安全以及经济社会发展需要必须建设的防洪护岸、公共管理、生态环境治理、基础设施等工程和改善民生环境的工程（如沿库道路），须经充分论证并严格按照法律法规要求履行相关许可程序。

3. 岸线控制利用区管控

有条件地进行适度开发的岸线功能区。管理重点是严格控制建设项目类型，或控制其开发利用强度。

4. 岸线开发利用区管控

开发利用限制最弱的岸线功能区。从防洪、水资源、生态环境等方面综合考虑，岸线的开发利用或多或少都会带来这样那样的不利影响。因此，该区域内一切建设项目，贯彻绿色发展理念，均要以服从水库统一调度和保证工程安全、符合水土保持和水质保护要求为前提，应符合依法批准的相关规划，充分考虑与附近已有涉水项目的相互影响，合理布局，按照“节约利用、集约利用”的原则，提高岸线资源利用效率。

第二章

三峡库区水生态空间管控

水生态空间是国土空间的核心构成要素，具有不可替代的资源、生态和经济等功能。水生态空间管控是国土空间管控的重要组成和基础保障。三峡库区水生态空间管控以水域、岸线等水生态空间为保护和修复对象，以水资源水环境和水生态承载能力为依据，通过水生态空间用途管制、水资源利用管控、水环境质量管控等各类管控措施，保障库区水源涵养、岸线生态稳定、生物多样性维护等多种功能正常发挥。

第一节　水生态空间管控相关概念

一、生态空间

生态空间概念的提出是为区别于农业和城镇空间，强调其相对独立的空间或区域范围，以及保护生态环境、提供生态服务，并永久保护其生态属性不变的性质。目前，国内外对生态空间尚无明确和统一的界定。从生态要素的角度出发，生态空间是指生态系统中的水体、动植物等生态要素空间载体，类似于生态用地，即将林地、草地、湿地等土地利用的空间范围归为生态空间。从生态功能的角度出发，只要提供生态系统服务功能或生态产品的空间都属于生态空间，如农田和城市中的绿地也应纳入生态空间。此外，还有观点认为，生态空间应是以提供生态服务为主体的地域空间，如自然保护区等各类保护地，而其他的空间虽然也提供一定的生态系统服务，但是不作为其空间的主体功能，不能被定义为生态空间。

生态空间概念也被应用于行政管理中。如《全国主体功能区规划——构建高效、协调、可持续的国土空间开发格局》（2010 年）中提出，“生态空间包括绿色生态空间、其他生态空间。绿色生态空间包括天然草地、林地、湿地、水库水面、河流水面、湖泊水面。其他生态空间包括荒草地、沙地、盐碱地、高原荒漠等”。《关于划定并严守生态保护红线的若干意见》（2017 年）中对于生态空间的定义是“具有自然属性、以提供生态服务或生态产品为主体功能的国土空间，包括森林、草原、湿地、河流、湖泊、滩涂、岸线、海洋、荒地、荒漠、戈壁、冰川、高山冻原、无居民海岛等”。《自然生态空间用途管制办法（试行）》（2017 年）将自然生态空间简称为生态空间，对其的定义是“具有自然属性、以提供生态产品或生态服务为主导功能的国土空间，涵盖需要保护和合理利用的森林、草原、湿地、河流、湖泊、滩涂、岸线、海洋、荒地、荒漠、戈壁、冰川、高山冻原、无居民海岛等”。

上述对生态空间的不同定义取决于对其尺度和属性认识的差异。综合以上观点，生态空间须具备 3 个基本条件：一是在土地属性上，以林、草、湿地等生态用地为主；二是在功能上，以提供生态系统服务为主；三是在作用上，为生态保护和经济社会发展提供生态支撑。

国内目前有关法律法规、行业主管部门相关文件中，与生态空间有关的概念主要包括生态保护红线、重点生态功能区、生态环境敏感脆弱区等。

（一）生态保护红线

《生态保护红线划定指南》（2017 年）规定，生态保护红线指在生态空间范围内具有特殊重要生态功能、必须强制性严格保护的区域，是保障和维护国家生态安全的底线和生命线。通常包括具有重要水源涵养、生物多样性维护、水土保持、防风固沙、海岸生态稳定等功能的生态功能重要区域，以及水土流失、土地沙化、石漠化、盐渍化等生态环境敏感脆弱区域。

（二）重点生态功能区

《生态保护红线划定指南》（2017 年）规定，重点生态功能区指生态系统十分重要，关系全国或区域生态安全，需要在国土空间开发中限制进行大规模高强度工业化城镇化开发，以保持并提高生态产品供给能力的区域，主要类型包括水源涵养区、水土保持区、防风固沙区和生物多样性维护区。

（三）生态环境敏感脆弱区

《生态保护红线划定指南》（2017 年）规定，生态环境敏感脆弱区指生态系统稳定性差，容易受到外界活动影响而产生生态退化且难以自我修复的区域。

二、水生态空间及其管控

（一）水生态空间

水生态空间是指为生态－水文过程提供场所、维持水生态系统健康稳定、保障水安全的各类生态空间，包括河流、湖泊等水域空间，涵养水源的陆域空间，以及行洪、蓄滞洪等涉及的区域范围，是国土空间的核心构成要素，对其他类型空间起到重要的支撑和保障作用。水生态空间以其承载的生态系统功能为主体，具有整体性、关联性、动态性和复杂性特征。一定范围内水生态空间中的生态水量、水质、水生态等要素因子具有较强的关联性，各要素之间不仅相互影响，而且受气候、人类活动等其他因素影响，也呈现复杂的动态变化。完全从自然条件考虑划分水生态空间，难以体现其对人类经济活动的服务功能。因此，在界定水生态空间范围时，需统筹考虑其自然属性和生态服务功能。水生态空间概念图如图 2-1-1 所示。

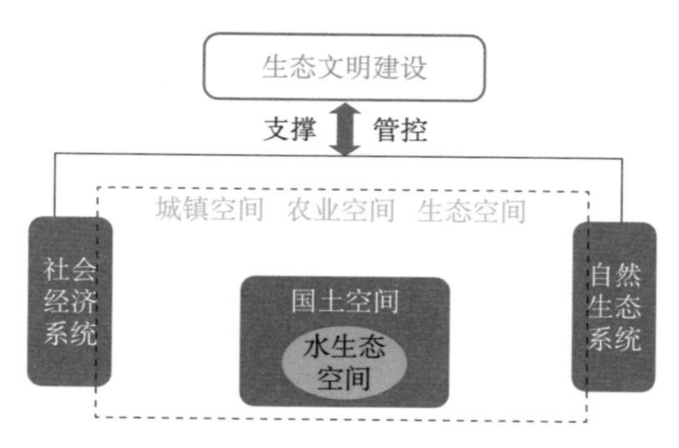

图 2-1-1　水生态空间概念图

水生态空间依据其自然生态特征分为以水体为主的河流、湖泊等水域空间，以水陆交错为主的岸线空间，以及与保护水资源数量和质量相关联的涉水陆域空间。水生态空间以流域周围分水线划分为地理空间单元，以流域为单元的水生态空间反映了其自然生态系统的功能属性特征。于人类而言，水生态空间具有不可替代的资源、生态和经济等功能，体现为为经济社会系统服务的功能属性特征。从维护自然生态系统良性循环出发，将江河、湖泊、湿地等水域岸线空间划定为水生态空间；对于经济社会系统，按照保障经济社会水安全的要求，将水库、运河、洪水蓄滞场所、集中式饮用水水源、骨干输（排）水渠（沟）以及水源涵养、水土保持等部分陆域生态空间划定为水生态空间。

（二）水生态空间管控

水生态空间管控是国土空间管控的重要组成和基础保障。为保证涉水生态系统功能不降低、保护面积不减少、性质不改变，有必要从国家、流域、地方等层级，以及禁止开发区、限制开发区等分区，综合运用立法、规划、政策、市场、公众参与等工具，对涉水生态空间进行有效管理，划定并严守水资源利用上限、水环境质量底线、水生态保护红线，强化水资源水环境和水生态红线指标的约束，将有关水的各类经济社会活动限定在管控范围内，并为水资源开发预留空间[3-4]。

第二节　三峡库区水生态空间管控内涵

三峡库区水生态空间管控是以水域、岸线等水生态空间为保护和修复对象，以水资源水环境和水生态承载能力为依据，对水生态空间采取的各类管控措施。

一、三峡库区水生态空间

三峡库区水生态空间包括水域和岸线（消落区）空间。同时，陆域涉水生态空间，分布有自然保护区、水产种质资源保护区、湿地公园、饮用水水源保护区、风景名胜区、地质公园等为主的环境敏感区。因此，本节将环境敏感区也纳入三峡库区水生态空间的管控范围。

（一）水域空间

三峡水库运行的调度中，145m 蓄水位为三峡工程防洪限制水位，该水位对应了三峡水库的最小水域空间面积，此时消落区处于完全裸露状态，选取此时的水域范围作为管控的水域空间，该区域对于航运和水质的管控尤为重要。

（二）岸线（消落区）空间

三峡水库运行调度是 6—9 月按防洪限制水位 145m 运行，10 月开始蓄水，水位迅速上升，至 10 月底升至正常蓄水位 175m；11—12 月保持正常蓄水位，1—4 月为供水期，水位缓慢下降，5 月底又降到防洪限制水位 145m。因此，三峡水库建成运行后，将在海拔 145 ～ 175m 之间，形成与天然河流涨落季节相反、涨落幅度高达 30m 的水库消落区。

岸线（消落区）范围涉及湖北省夷陵、秭归、兴山、巴东和重庆市巫山、巫溪、奉节、云阳、万州、开州、忠县、石柱、丰都、涪陵、武隆、长寿、渝北、巴南、江津 19 个区（县）以及重庆主城七区（渝中区、南岸区、江北区、沙坪坝区、北碚区、大渡口区、九龙坡区）的长江干支流岸线。

1. 岸线（消落区）上边线

长江干流：大塘坝以下为坝前正常蓄水位 175m 接汛期五年一遇设计洪水回水水面线，大塘坝以上为坝前正常蓄水位 175m 接汛后五年一遇设计洪水回水水面线。

支流：香溪河、大宁河、梅溪河、磨刀溪、汤溪河、小江、龙河、渠溪河、御临河、乌江、嘉陵江 11 条主要支流，按相应设计洪水回水水面线界定；其他无回水计算的支流，以汇口处干流相应设计洪水回水位向支流上游平推与水边线相交为止。

2. 岸线（消落区）下边线

长江干流为防洪限制水位 145m 接汛期 80% 洪水流量的回水水面线。支流以汇口处干流水位平推与水边线相交为止。三峡水库长江干流消落区范围界定示意图如图 2-2-1 所示。

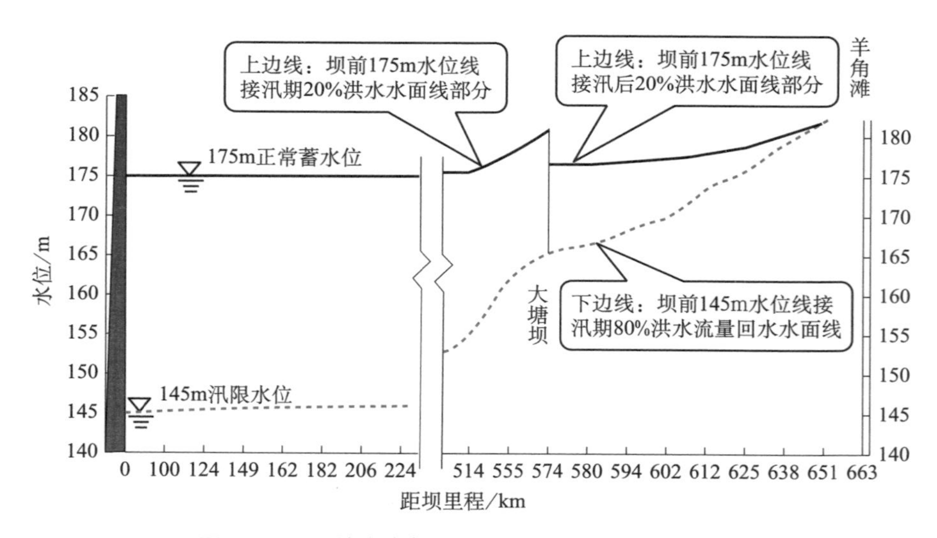

图 2-2-1　三峡水库长江干流消落区范围界定示意图

三峡水库岸线（消落区）总面积 364.01km^2，175m 岸线长 5 578.21km。重庆库区消落区面积 331.33km^2，岸线长 4 881.43km。湖北库区消落区面积 36.63km^2，岸线长 696.78km。

（三）生态环境敏感区

三峡库区内建立了以自然保护区、水产种质资源保护区、湿地公园、饮用水水源保护区、风景名胜区、地质公园等为主的自然保护地。其中，湿地公园 5 处、森林公园 5 处、风景名胜区 3 处、自然保护区 9 处、水产种质资源保护区 1 处、地质公园 1 处、县级以上饮用水水源保护区 23 处。三峡库区内生态环境敏感区分布情况详见第四章第一节。

二、三峡库区水生态空间管控

（一）国土空间管控

划定生态保护红线是国土空间管控的一种重要类型。《重庆市生态保护红线》（2018 年 7 月版）将三峡库区沿线区（县）的部分区域划入生物多样性维护红线、水土保持红线和水土流失红线，要求各区县和有关部门将生态保护红线作为编制空间规划的基础和前提，建立常态化巡查、核查制度，严格查处破坏生态保护红线的违法行为，确保生态保护红线生态功能不降低、面积不减少、性质不改变。

《湖北省生态保护红线》（2018 年 7 月版）将长江三峡国家级风景名胜区等保护地及三峡库区生态功能极重要区与生态环境极敏感区划入鄂西南武陵山区生物多样性维护、水土保持生态保护红线，要求加强红线管控，加快建立和完善生态保护补偿机制，建立生态保护红线监管平台，实施生态保护红线保护与修复，分区分类开展受损生态系统修复，不断改善和提升生态系统服务功能。

（二）水生态空间管控

1. 水域空间管控

《全国重要江河湖泊水功能区划（2011—2030 年）》将三峡库区长江干流划分为保护区、保留区、缓冲区。

保护区是对源头水保护、饮用水保护、自然保护区、风景名胜区及珍稀濒危物种的保护具有重要意义的水域。禁止在饮用水水源一级保护区、自然保护区核心区等范围内新建、改建、扩建与保护无关的建设项目和从事与保护无关的涉水活动。

保留区是为未来开发利用水资源预留和保护的水域。保留区应当控制经济社会活动对水的影响，严格限制可能对其水量、水质、水生态造成重大影响的活动。

缓冲区是为协调省际间、矛盾突出地区间的用水关系、衔接内河功能区与海洋功能区、保护区与开发利用区水质目标划定的水域。缓冲区应当严格管理各类涉水活动，防止对相邻水功能区造成不利影响。在省界缓冲区内从事可能不利于水功能区保护的各类涉水活动，应当事先向流域管理机构通报。

开发利用区是为满足工农业生产、城镇生活、渔业、景观娱乐和控制排污等需求划定的水域。开发利用区应当坚持开发与保护并重，充分发挥水资源的综合效益，保障水资源可持续利用。同时具有多种使用功能的开发利用区，应当按照其最高水质目标要求的功能实行管理。

2. 岸线空间管控

《长江岸线开发利用和保护总体规划》将三峡水库长江干流、乌江和嘉陵江段岸线划分为保护区、保留区、控制利用区和开发利用区 4 类。

岸线保护区是指岸线开发利用可能对防洪安全、河势稳定、供水安全、生态环境、重要枢纽工程安全等有明显不利影响的岸段。岸线保护区严禁任何开发利用活动。

岸线保留区是指暂不具备开发利用条件，或有生态环境保护要求，或为满足生活生态岸线开发需要，或暂无开发利用需求的岸段。岸线保留区禁止任何形式的开发利用活动，以保持现状或自然状态为主。

岸线控制利用区是指岸线开发利用程度较高，或开发利用对防洪安全、河势稳定、供水安全、生态环境可能造成一定影响，需要控制其开发利用强度或开发利用方式的岸段。岸线控制利用区加强对开发利用活动的指导和管理，有控制、有条件地合理适度开发。

岸线开发利用区是指河势基本稳定、岸线利用条件较好，岸线开发利用对防洪安全、河势稳定、供水安全以及生态环境影响较小的岸段。岸线开发利用区按照保障防洪安全、维护河流健康和支撑经济社会发展的要求，有计划、合理地开发利用。

3. 消落区空间管控

《三峡后续工作规划》将三峡水库消落区划分为保留保护区、生态修复区和综合治理区。

保留保护区是指采取生态自然恢复状态，促进自然发育，保护生态系统的结构和功能，减少和避免人类活动的干扰，且暂时不予开发利用的消落区。一般情况下是山高坡陡、岩石裸露、人烟稀少，饮用水源保护区等重要区域及环境敏感区域，以及库岸稳定的广大农村地区的消落区。

生态修复区是指对水生态保护、植物群落结构恢复、湿地生态系统构建及独特的自然人文景观保护等至关重要，需要在自然状态为主的前提下，适度采取人工生态修复措施的消落区。一般情况下，科研试点示范区域、重要旅游风景区和城集镇周边湿地公园、湿地保护区等划分为生态修复区。

综合治理区是指为保障城镇安全、地质安全和生态安全，围绕“三带一区”建设目标，需要采取工程与生态等措施进行综合治理的区域，以及为满足库区经济社会发展需要、可利用的区域。一般情况下，城集镇周边以及农村集中居民点附近的区域、重要基础设施建设区域划为综合治理区。

4. 生态环境敏感区管控

综合国家及重庆、湖北等省（市）对自然保护区、风景名胜区、饮用水水源保护区、水产种质资源保护区、湿地公园、森林公园、地质公园等生态环境敏感区的管控要求，可见生态环境敏感区内，属于严格管控的区域，实行分区分类管控，其中的核心区域原则上禁止人类活动。

《关于建立以国家公园为主体的自然保护地体系的指导意见》要求对现有的自然保护区、风景名胜区、地质公园、森林公园、海洋公园、湿地公园、冰川公园、草原公园、沙漠公园、草原风景区、水产种质资源保护区、野生植物原生境保护区（点）、自然保护小区、野生动物重要栖息地等各类自然保护地开展综合评价，按照保护区域的自然属性、生态价值和管理目标进行梳理调整和归类，逐步形成以国家公园为主体、自然保护区为基础、各类自然公园为补充的自然保护地分类系统。

第三章

三峡库区水生态空间管控制度及现状分析

本章对三峡库区水生态空间相关管控制度及要求进行梳理分析，对相关管控现状进行总结归纳。

第一节　管控制度体系及要求分析

通过对现行法律法规、政策、标准规范等进行归纳总结，梳理分析三峡库区水生态空间相关管控制度体系及要求。

一、管控制度体系分析

当前，三峡库区水生态空间管控形成了以《长江保护法》《长江三峡工程建设移民条例》《三峡水库调度和库区水资源与河道管理办法》《重庆市三峡水库消落区管理办法》等法律法规、部门规章、地方性法规规章为代表，辅以一系列规范性文件为补充的管控法律体系。此外，《中华人民共和国水法》（以下简称《水法》）《河道管理条例》等普适性的法律、行政法规也适用于三峡库区水生态空间管控。其中，涉及三峡库区水生态空间管控的专项法律法规12件，普适性法律法规43件。有关管控法律体系详见表3-1-1。

表 3-1-1　三峡库区水生态空间管控法律体系一览表

序号	类别	层级	名称（文号）	出台（修订）时间
1	专项	法律	《长江保护法》	2020 年 12 月 26 日
2		行政法规	《长江三峡工程建设移民条例》（国务院令第 299 号）	2001 年 2 月 21 日
3			《长江三峡水库枢纽安全保卫条例》（国务院令第 640 号）	2013 年 9 月 9 日
4		部门规章	《三峡水库调度和库区水资源与河道管理办法》（水利部令第 35 号）	2008 年 11 月 3 日
5		地方性法规	《重庆市实施〈长江三峡工程建设移民条例〉办法》	2002 年 6 月 7 日
6		地方政府规章	《重庆市三峡水库消落区管理办法》（重庆市人民政府令第 358 号）	2023 年 2 月 11 日
7		规范性文件	《关于加强三峡工程建设期三峡水库管理的通知》（国办发〔2004〕32 号）	2004 年 4 月 10 日
8			《关于加强三峡后续工作阶段水库消落区管理的通知》（国三峡委发办字〔2011〕10 号）	
9			《关于进一步加强三峡水库消落区土地耕种监督管理的通知》（国三峡办发库字〔2011〕22 号）	
10			《关于加强三峡工程运行安全管理工作的指导意见》（水三峡〔2021〕255 号）	2021 年 8 月 25 日
11			《湖北省人民政府办公厅关于加强三峡水库消落区管理的通知》（鄂政办函〔2019〕1 号）	2019 年 1 月 3 日
12		规划	《三峡后续工作规划（2010—2020）》	

续表

序号	类别	层级	名称（文号）	出台（修订）时间
1	普适	法律	《中华人民共和国渔业法》	1986年1月20日
2			《中华人民共和国防洪法》	1997年8月29日
3			《中华人民共和国水法》	2002年8月29日修订
4			《中华人民共和国水污染防治法》	2008年2月28日修订
5			《中华人民共和国水土保持法》	2010年12月25日修订
6			《中华人民共和国航道法》	2014年12月28日
7			《中华人民共和国野生动物保护法》	2016年7月2日修订
8			《中华人民共和国森林法》	2019年12月28日修订
9		行政法规	《河道管理条例》（国务院令第3号）	1988年6月10日
10			《自然保护区条例》（国务院令第167号）	1994年10月9日
11			《野生植物保护条例》（国务院令第204号）	1996年9月30日
12			《风景名胜区条例》（国务院令第474号）	2006年9月19日
13			《长江河道采砂管理条例》（国务院令第320号）	2001年10月25日
14		部门规章	《水产种质资源保护区管理暂行办法》（农业部令第1号）	2011年1月5日
15			《湿地保护管理规定》（国家林业局令第32号）	2013年3月28日
16			《地质遗迹保护管理规定》（地质矿产部令第21号）	1995年5月4日
17		地方性法规	《湖北省水污染防治条例》	2014年1月22日修订
18			《重庆市水污染防治条例》	2020年7月30日
19			《重庆市河道管理条例》	2015年7月30日修订
20			《重庆市湿地保护条例》	2019年9月26日
21			《重庆市河长制条例》	2020年12月3日
22		地方政府规章	《湖北省河道管理实施办法》（湖北省人民政府令第33号）	1992年8月12日

续表

序号	类别	层级	名称（文号）	出台（修订）时间
23	普适	规范性文件	《关于全面推行河长制的意见》（厅字〔2016〕42号）	2016年12月11日中共中央办公厅、国务院办公厅印发
24			《关于划定并严守生态保护红线的若干意见》（厅字〔2017〕2号）	2017年中共中央办公厅、国务院办公厅印发
25			《关于建立以国家公园为主体的自然保护地体系的指导意见》	2019年6月26日中共中央办公厅、国务院办公厅印发
26			《关于在国土空间规划中统筹划定落实三条控制线的指导意见》（厅字〔2019〕48号）	2019年11月1日中共中央办公厅、国务院办公厅印发
27			《关于深化生态保护补偿制度改革的意见》	2021年9月12日中共中央办公厅、国务院办公厅印发
28			《饮用水水源保护区污染防治管理规定》（〔1989〕环管字第201号）	1989年7月10日国家环境保护局、卫生部、建设部、水利部、地矿部联合印发
29			《关于加强资源环境生态红线管控的指导意见》（发改环资〔2016〕1162号）	2016年5月30日国家发展改革委、财政部、国土资源部、环境保护部、水利部、农业部、国家林业局、国家能源局、国家海洋局联合印发
30			《水功能区监督管理办法》（水资源〔2017〕101号）	2017年2月27日水利部印发
31			《国家湿地公园管理办法》（林湿发〔2017〕150号）	2017年12月27日国家林业局印发
32			《重庆市湿地公园管理办法》（渝林规范〔2020〕2号）	2020年4月2日重庆市林业局印发

续表

序号	类别	层级	名称（文号）	出台（修订）时间
33	普适	标准规范	《河道采砂规划编制规程》（SL 423—2008）	2008年7月22日水利部发布
34			《国家地质公园规划编制技术要求》（国土资发〔2010〕89号）	2010年6月12日国土资源部印发
35			《生态保护红线划定指南》（环办生态〔2017〕48号）	2017年5月27日环境保护部办公厅、国家发展改革委办公厅印发
36			《河湖岸线保护与利用规划编制指南（试行）》（办河湖函〔2019〕394号）	2019年3月25日水利部办公厅印发
37		规划	《全国主体功能区规划》（国发〔2016〕46号）	2010年12月21日国务院印发
38			《长江流域综合规划（2012—2030年）》（国函〔2012〕220号）	2013年1月4日国务院批复
39			《全国生态功能区划（修编版）》（公告2015年第61号）	2015年11月13日环境保护部、中国科学院公告
40			《长江经济带沿江取水口、排污口和应急水源布局规划》（水资源函〔2016〕350号）	2016年9月23日水利部印发
41			《长江岸线保护和开发利用总体规划》	2016年9月水利部、国土资源部联合印发
42			《耕地草原河湖休养生息规划（2016—2030年）》（发改农经〔2016〕2438号）	2016年11月18日国家发展改革委、财政部、国土资源部、环境保护部、水利部、农业部、国家林业局、国家粮食局联合印发
43			《长江经济带生态环境保护规划》（环规财〔2017〕88号）	2017年7月13日环境保护部、国家发展改革委、水利部联合印发

二、管控体制分析

三峡库区水生态空间管控涉及库区水资源管理、水污染防治、水土保持、河道管理、消落区管理、环境敏感区管理等多方面，因此，需要对相关管理体制逐一进行分析。

（一）库区水资源管理体制

根据《水法》规定，我国水资源管理建立了流域管理与行政区域管理相结合的管理体制。三峡库区水资源管理体制如下。

1）水利部负责三峡水库库区水资源管理的监督工作。

2）长江水利委员会按照法律、行政法规规定和水利部的授权，负责三峡水库库区水资源管理工作。

3）重庆市、湖北省县级以上地方人民政府水行政主管部门按照规定的权限，负责本行政区域内三峡库区水资源管理工作。

（二）库区水污染防治管理体制

根据《中华人民共和国水污染防治法》（以下简称《水污染防治法》）规定，我国水污染防治建立了以环境保护主管部门统一监督管理，水利、国土资源、交通、卫生、建设、农业、林业、渔业等部门以及重要江河、湖泊的流域水资源保护机构在各自职责范围内对有关水污染防治实施监督管理的管理体制。三峡库区水污染防治管理体制如下。

1）生态环境部负责三峡水库库区水污染防治的统一监督和指导工作。交通运输部、水利部、自然资源部、住建部、农业农村部、渔业渔政局等有关部门在各自职责范围内，负责三峡库区有关水污染防治的监督和指导工作。生态环境部等相关部委在三峡库区水污染防治的具体职责详见表 3-1-2。

2）长江流域生态环境监督管理局按照法律、行政法规规定和生态环境部、水利部的授权，负责三峡水库库区水污染防治的管理工作。

3）重庆市、湖北省县级以上地方人民政府环境保护主管部门按照规定的权限，负责本行政区域内三峡库区水污染防治的管理工作。

4）重庆市、湖北省县级以上地方人民政府水利、自然资源、农业农村、渔业、住建、海事等部门按照各自职责，做好三峡库区相关水污染防治工作。

表 3-1-2　相关部委在三峡库区水污染防治的具体职责一览表

序号	部门	具体职责
1	生态环境部	（1）会同有关部门和地方人民政府编制三峡库区水污染排放总量控制方案，报国务院批准后，由地方人民政府组织实施，生态环境部负责监督 （2）加强对三峡库区生态环境保护的监督管理，并会同发展改革委监督《三峡库区及其上游水污染防治规划》中污染治理项目的实施和正常运行 （3）会同有关部门尽快制定控制面源污染的有关规章和标准并监督实施
2	水利部	（1）加强对水功能区监督管理，落实水功能区限制纳污制度和水功能区开发强度限制制度 （2）会同有关部门编制水环境质量标准及流域水污染防治规划 （3）加强对三峡库区污口的新建、改建、扩建监管 （4）会同有关部门组织监测网络，统一规划国家水环境质量监测站（点）的设置，建立监测数据共享机制，加强对水环境监测的管理 （5）加强对库区饮用水水源保护区监管
3	自然资源部	会同有关部门研究制定库区饮用水水源地保护区的划定
4	住建部	（1）督促指导地方政府根据三峡库区移民迁建与未来发展的要求，编制相应的城镇体系规划，加强对移民迁建城镇规划实施的监管 （2）加强对城镇污水处理厂（含配套管网）、垃圾处理场建设和运行的指导和监督。各级地方人民政府要加强污水、垃圾处理收费等管理工作，确保污水、垃圾处理设施的正常运转 （3）配合做好船舶污染物最终处置的指导和监督工作

续表

序号	部门	具体职责
5	农业农村部	加强对库区及长江上游地区畜禽养殖场粪污处理、合理施用农药和化肥等的指导和监督，采取切实措施，促进畜禽养殖场粪污达标排放，逐渐降低化肥、农药的施用量，减轻农业面源污染
6	交通运输部	（1）加强对船舶生活污水、垃圾、油类及洗仓水等防污处理的监督 （2）建设船舶垃圾和污水的接收、转运设施，并加强对港口危险品装卸、储存的管理
7	卫健委	（1）会同有关部门，根据对公众健康和生态环境的危害和影响程度，公布有毒有害水污染物名录，实行风险管理 （2）会同有关部门研究制定库区饮用水水源地保护区的划定

（三）库区水土保持管理体制

根据《中华人民共和国水土保持法》（以下简称《水土保持法》）规定，我国水土保持建立了水行政主管部门主管，林业、农业、国土资源等有关部门按照各自职责做好有关水土流失预防和治理工作的管理体制。三峡库区水土保持管理体制如下。

1）水利部主管三峡水库库区水土保持工作的指导、监督和检查。国家林草局、农业农村部、自然资源部等有关部门按照各自职责做好三峡库区有关水土流失预防和治理的监督和管理工作。水利部等相关部委在三峡库区水土保持的具体职责详见表 3-1-3。

2）长江水利委员会按照法律、行政法规规定和水利部的授权，承担三峡库区水土保持的监督管理职责。

3）重庆市、湖北省县级以上地方人民政府水行政主管部门按照规定的权限，主管本行政区域内三峡库区水土保持工作。

4）重庆市、湖北省县级以上地方人民政府林草、农业农村、自然资源等有关部门按照各自职责做好本行政区域内三峡库区有关水土流失预防和治理工作。

表 3-1-3 相关部委在三峡库区水土保持的具体职责一览表

序号	部门	具体职责
1	水利部	（1）全面加强对库区水土保持工作的指导、监督和检查。积极支持库区水土保持生态建设，加大对三峡库区水土保持的投入 （2）加强水土流失动态监测和水土保持监督管理，严格按照国家法律法规的规定，认真执行开发建设项目水土保持方案编报制度和“三同时”制度，对违法违规行为要依法查处
2	国家发展改革委	会同林草局等有关部门，以三峡水库周边为重点，做好水库周边防护林带的规划、建设和保护工作，全面推进三峡库区生态环境建设
3	国家林草局	积极组织实施好天然林保护、退耕还林和长江流域防护林体系建设等林业重点工程，林业重点工程要向三峡库区倾斜，要按照《中华人民共和国森林法》有关规定严格林地审批管理，禁止乱占林地，保护好现有森林植被和珍稀野生动植物资源，严禁一切破坏森林资源的行为
4	住建部	加强对库区城镇绿化建设的指导，加强绿地建设，促进三峡库区城镇绿化和生态环境建设
5	自然资源部	加强对三峡库区地质灾害防治工作的指导、监督和检查，推进库区地质灾害防治工作，保障库区人民生命和财产安全
6	生态环境部	加强对三峡水库周边地区生态保护的综合协调和监督
7	农业农村部	加强对库区高效生态农业建设的扶持、指导和监督，推进农业清洁生产

（四）库区河道管理体制

根据《河道管理条例》规定，我国河道管理建立了按水系统一管理和分级管理的管理体制，县级以上水利行政主管部门是河道的主管机关。三峡库区河道管理体制如下。

1）水利部负责三峡水库库区河道管理的监督工作。

2）长江水利委员会按照法律、行政法规规定和水利部的授权，负责三峡水库库区河道管理工作。

3）重庆市、湖北省县级以上地方人民政府水行政主管部门按照规定的权限，负责本行政区域内三峡库区河道管理工作。

（五）库区消落区管理体制

根据《长江三峡工程建设移民条例》规定，三峡水库消落区的土地属于国家所有，由三峡水利枢纽管理单位负责管理，可以通过当地县级人民政府优先安排给当地农村移民使用；但是，不得影响水库安全、防洪、发电和生态环境保护。因蓄水给使用该土地的移民造成损失的，国家不予补偿。

《关于加强三峡工程建设期三峡水库管理的通知》（国办发〔2004〕32号）进一步细化《长江三峡工程建设移民条例》有关规定，明确“除通过当地人民政府安排给就近后靠的农村移民使用外，其他开发利用活动应经省级水库综合管理部门和三峡总公司同意，签订协议，约定权利义务，并按程序和权限向国土资源部门办理临时用地手续。消落区土地使用者必须承担保护环境、恢复生态、防治污染、防治地质灾害及保护文物的责任”。

2012年，重庆市政府制定出台《重庆市三峡水库消落区管理暂行办法》（简称《暂行办法》），规定消落区由三峡水库管理部门管理。《暂行办法》在本质上将消落区管理主体从三峡水利枢纽管理单位变更为重庆市、库区区县（自治县）三峡水库管理部门，确立了“政府全面负责、三峡水库管理部门综合管理、政府有关部门各司其职”的消落区管理体制。重庆市相关部门消落区管理职责划分见表3-1-4。

表3-1-4　重庆市相关部门消落区管理职责划分

部门	职责
市三峡水库管理部门[①]	负责本行政区域内消落区的综合监督管理工作：监督、指导库区区县（自治县）人民政府做好消落区管理工作，会同市政府有关部门对消落区保护与管理实施执法检查，受市政府委托负责对市政府有关部门和库区区县（自治县）人民政府消落区管理工作进行考核

① 2018年机构改革后，市三峡水库管理部门并入市水行政主管部门（重庆市水利局）。

续表

部门	职责
区县（自治县）人民政府	负责本行政区域内消落区全面管理工作。建立消落区管理责任制；编制本行政区域内消落区保护和治理规划；严格执行消落区管理的相关规定
区县（自治县）三峡水库管理部门	负责核准或上报本行政区域内使用消落区保护和利用项目
区县（自治县）政府有关部门	按照职能分工，做好消落区的管理工作；收集汇总信息并定期向三峡水库管理部门通报；加强协作配合，加大联合执法力度，做到违规必究

《湖北省人民政府办公厅关于加强三峡水库消落区管理的通知》（鄂政办函〔2019〕1号）明确省水利厅负责三峡水库消落区的综合管理与协调，省直有关部门按照职能职责，密切配合，有关市（州）、县（区）人民政府负责本辖区消落区管理，县（区）三峡水库综合管理部门具体承担管理职责。此通知明确的消落区管理体制与重庆市基本保持一致。

（六）库区环境敏感区管理体制

根据《自然保护区条例》《重庆市风景名胜区条例》《水产种质资源保护区管理暂行办法》《饮用水水源保护区污染防治管理规定》《地质遗迹保护管理规定》《湿地保护管理规定》《森林公园管理办法》规定，三峡库区设立的自然保护区、风景名胜区、水产种质资源保护区、饮用水水源保护区、地质公园、湿地公园、森林公园等分别由环境保护、园林绿化、渔业、环境保护、地质矿产、林业等行政主管部门负责监督管理。自然保护区、风景名胜区、地质公园、湿地公园、森林公园内设立的（经营）管理机构，具体负责相应自然保护区、风景名胜区、地质公园、湿地公园、森林公园的规划、建设、经营和管理。

根据《关于建立以国家公园为主体的自然保护地体系的指导意见》要求，对现有的自然保护区、风景名胜区、地质公园、森林公园、海洋公园、湿地公园、冰川公园、草原公园、沙漠公园、草原风景区、水产种质资源保护区、野生植物原生境保护区（点）、自然保护小区、野生动物重要栖息地等各类自然保护地开展综合评价，按照保护区域的自然属性、生态价值和管理目标进行梳理调整和归类，逐步形成以国家公园为主体、自然保护区为基础、各类自然公园为补充的自然保护地分类系统。上述要求写入2019年12月28日修订的《中华人民共和国森林法》（以下简称《森林法》），规定“国家在不同自然地带的典型森林生态地区、珍贵动物和植物生长繁殖的林区、天然热带雨林区和具有特殊保护价值的其他天然林区，建立以国家公园为主体的自然保护地体系，加强保护管理”。

（七）三峡集团的水生态管控职责

1993年9月27日，为建设三峡工程，经国务院批准，正式成立了中国长江三峡工程开发总公司，经公司制改制后更名为“中国长江三峡集团有限公司”（以下简称“三峡集团”）。三峡集团在三峡水库运行期的相关水生态管控职责如下。

一是三峡水库水环境管理方面，负责三峡枢纽工程施工区环境保护、地震监测和水库坝前漂浮物清理、坝区生态环境管理和环境综合治理工作。

二是三峡水库生态保护和建设方面，设立长江大保护专项资金，建立长江大保护工作资金保障机制，加强栖息地保护，保护珍稀动植物，持续实施水土保持和生态修复，2019年累计落地资金589.4亿元。

三是三峡水库消落区土地使用管理方面，依据《长江三峡工程建设移民条例》授权，三峡水利枢纽管理单位——流域枢纽运行管理中心（三峡枢纽建设运行管理中心）应当负责管理消落区的土地。但是，在实践中，消落区的土地管理由重庆市、湖北省属地管理。

三、管控制度要求分析

三峡库区水生态空间管控涉及库区水域岸线及水资源、水生态、水环境等要素，以下分别从水域、岸线、消落区及生态环境敏感区等维度对管控制度及要求进行逐一梳理分析。

（一）水域管控制度

库区水域管控的要素主要为水量和水质，涉及水资源、水环境、水生态安全，主要管控制度如下。

1. 水资源刚性约束制度

《水法》确立了取水许可和水资源论证制度。《三峡水库调度和库区水资源与河道管理办法》规定直接从三峡库区取用水资源的，应当按照取水许可和水资源费征收管理的有关规定，向有关县级水行政主管部门或者长江水利委员会申请领取取水许可证，缴纳水资源费；在取水许可申请受理阶段需一并提交建设项目水资源论证报告书（表），作为取水许可审批的重要依据。

2012年国务院实施最严格水资源管理制度，明确水资源开发利用控制、用水效率控制和水功能区限制纳污三条管理红线。党的十八届五中全会明确要求实施水资源消耗总量和强度双控行动。党的十九届五中全会提出建立水资源刚性约束制度。围绕贯彻落实十九届五中全会要求，水利部推进水资源刚性约束指标体系建立，加强水资源管控分区监测预警，健全规划和建设项目水资源论证制度，推动水资源超载区取水许可限批等作为实施水资源刚性约束制度的重点工作。

2. 生态流量制度

《长江保护法》确立生态用水保障制度和生态调度机制，规定国务院水行政主管部门会同国务院有关部门提出长江干流、重要支流和重要湖泊控制断面的生态流量管控指标；流域管理机构应当将生态水量纳入年度水量调度计划，保障河湖基本生态用水需求，保障枯水期和鱼类产卵期生态流量、重要湖泊的水量和水位，保障长江河口咸淡水平衡；长江干流、重要支流和重要湖泊上游的水利水电、航运枢纽等工程应当将生态用水调度纳入日常运行调度规程，建立常规生态调度机制，保证河湖生态流量。

《三峡水库调度和库区水资源与河道管理办法》规定三峡水库的水量分配与调度，应当首先满足城乡居民生活用水，并兼顾农业、工业、生态与环境用水以及航运等需要，注意维持三峡库区及下游河段的合理水位和流量，维护水体的自然净化能力。

《重庆市水污染防治条例》规定市、县级水行政部门应当会同生态环境、发展改革、交通等有关部门加强江河湖库水量调度管理，完善水量调度方案，协调好生活、生产经营和生态环境用水；采取闸坝联合调度、生态补水等措施，合理安排闸坝下泄水量和泄流时段，维持河湖基本生态用水需求，重点保障枯水期生态基流。

3. 水功能区划制度

《水法》确立了水功能区划制度。《水功能区监督管理办法》明确水功能区分为一级区（包括保护区、保留区、缓冲区和开发利用区）和二级区（包括饮用水源区、工业用水区、农业用水区、渔业用水区、景观娱乐用水区、过渡区和排污控制区），并规定了水功能区限制纳污和开发强度限制制度。《关于加强水资源用途管制的指导意见》明确强化水功能区分类管理，把水功能区作为各项涉水活动管理的基础平台，按照水功能区类别实行分区管理。

《三峡水库调度和库区水资源与河道管理办法》规定长江水利委员会应当会同重庆市、湖北省人民政府水行政主管部门，按照水功能区对水质的要求和水体的自然净化能力，核定三峡库区的水域纳污能力，向重庆市、湖北省人民政府环境保护行政主管部门提出库区的限制排污总量意见。

4. 水污染防治制度

《三峡水库调度和库区水资源与河道管理办法》规定禁止向三峡库区排放、倾倒工业废渣、垃圾等有毒有害物质，禁止在饮用水水源保护区内设置入河排污口。规定有关县级以上地方人民政府水行政主管部门和长江水利委员会加强对三峡库区水质状况的监测。

《重庆市水污染防治条例》规定禁止在江河湖库最高水位线以下和经雨水冲刷可能进入水体的滩地和岸坡，倾倒、堆放、存贮固体废弃物和其他污染物；禁止在水体清洗装贮过或者附有油类、有毒有害物质的车辆、容器及其物品；禁止向水体倾倒垃圾，排放残油、废油；禁止在长江干流和重要支流河道管理范围内的非耕地上从事种植等生产经营活动；禁止在长江干流和重要支流水域及其两百米内的陆域建立畜禽养殖场、发展养殖专业户；禁止从事对水体有污染的网箱、围栏养殖；禁止采用向水体投放化肥、粪便、动物尸体（肢体、内脏）、动物源性饲料等污染水体的方式从事水产养殖。规定毗邻江河湖库的农田，所在地区县（自治县）人民政府应当引导发展绿色农业，防止农业面源污染。

（二）岸线管控制度

库区岸线管控的要素涉及岸线保护、管理与开发利用，主要管控制度如下。

1. 水库管理范围和保护范围划定制度

《三峡水库调度和库区水资源与河道管理办法》规定长江水利委员会应当按照有关规定，商重庆市和湖北省人民政府划定三峡水库管理和保护范围。规定在三峡水库管理和保护范围内禁止围垦库区，倾倒垃圾、渣土，在25°以上陡坡地开垦种植农作物，弃置、堆放阻碍行洪的物体，种植阻碍行洪的林木和高秆作物，以及其他危害水库安全的行为。

2. 岸线规划制度

《三峡水库调度和库区水资源与河道管理办法》明确了三峡水库岸线利用管理规划制度。规定长江水利委员会应当会同重庆市、湖北省人民政府水行政主管部门，编制三峡水库岸线利用管理规划，分别征求重庆市、湖北省人民政府意见后报水利部批准。三峡水库岸线利用管理规划，应当服从流域综合规划和防洪规划，并与河道整治规划和航道整治规划相协调。三峡库区有关城乡规划的岸线近水利用线，由三峡库区县级以上地方人民政府水行政主管部门会同有关部门依据经批准的三峡水库岸线利用管理规划确定。三峡库区河道岸线的利用和建设，应当服从河道整治规划、航道整治规划和三峡水库岸线利用管理规划。河道岸线的界限，由三峡库区县级以上地方人民政府水行政主管部门会同交通等有关部门报县级以上地方人民政府划定。2016 年 9 月，水利部、国土资源部印发实施《长江岸线保护和开发利用总体规划》，将岸线划分为岸线保护区、保留区、控制利用区和开发利用区 4 类，综合协调各区段开发与保护的需要，分区提出管理意见。《长江保护法》实施后，长江流域河湖岸线保护规划由国家长江流域协调机制统筹协调国务院自然资源、水行政、生态环境、住房和城乡建设、农业农村、交通运输、林业和草原等部门和长江流域省级人民政府制定。

3. 岸线用途管制制度

《三峡水库调度和库区水资源与河道管理办法》规定库内涉河建设项目审批制度，明确在三峡水库管理范围内的涉河建设项目应当符合国家规定的防洪标准、三峡水库岸线利用管理规划、航运要求和其他有关技术要求，其工程建设方案应当按照河道管理范围内建设项目管理的有关规定，报经有关县级以上地方人民政府水行政主管部门或者长江水利委员会审查同意。规定库区河道采砂许可制度，明确在三峡水库管理范围内从事采砂活动的，应当按照长江河道采砂管理的有关规定，向重庆市、湖北省人民政府水行政主管部门或者长江水利委员会申请领取河道采砂许可证。

《长江保护法》实施后，确立了长江流域河湖岸线特殊管制制度。规定禁止在长江干支流岸线 1km 范围内新建、扩建化工园区和化工项目，禁止在长江干流岸线 3km 范围内和重要支流岸线 1km 范围内新建、改建、扩建尾矿库（以提升安全、生态环境保护水平为目的的改建除外）。《重庆市水污染防治条例》规定禁止在长江岸线 1km 范围内布局新建重化工、纸浆制造、印染等存在环境风险的项目。

（三）消落区管控制度

三峡水库建成后，随着水库的运行，发生了水位涨落等水文过程的变化，从而导致水库消落区的形成。库区消落区是指三峡水库正常蓄水位175m的库区土地征用线以下，因水库调度运用导致库区临时性出露的陆地，其生态环境的保护和修复对三峡水库效益和功能的发挥具有重要作用。

1. 开发利用制度

《长江保护法》规定加强对消落区的生态环境保护和修复，因地制宜实施退耕还林还草还湿，禁止施用化肥、农药，科学调控水库水位，加强库区水土保持和地质灾害防治工作，保障消落区良好生态功能。

《长江三峡工程建设移民条例》规定消落区的土地属于国家所有，由三峡水利枢纽管理单位负责管理，可以通过当地县级人民政府优先安排给当地农村移民使用，但是，不得影响水库安全、防洪、发电和生态环境保护。

《三峡水库调度和库区水资源与河道管理办法》规定消落区的利用应服从三峡水库的防洪安全，满足库区水土保持、水质保护和生态与环境保护的需要。

《国务院办公厅关于加强三峡工程建设期三峡水库管理的通知》明确在不影响水库安全、防洪、发电和生态环境保护的前提下，消落区的土地可以通过当地县级人民政府优先安排给就近后靠的农村移民使用。消落区为化肥、农药的禁施区。消落区内严禁建设除交通基础设施及灾害治理之外的永久性工程。除通过当地人民政府安排给就近后靠的农村移民使用外，其他开发利用活动应经省级水库综合管理部门和三峡总公司同意，签订协议，约定权利义务，并按程序和权限向国土资源部门办理临时用地手续。消落区土地使用者必须承担保护环境、恢复生态、防治污染、防治地质灾害及保护文物的责任。

水利部印发的《关于加强三峡工程运行安全管理工作的指导意见》明确严禁向消落区排放污水、废物和其他可能造成消落区生态环境破坏、水土流失、水体污染的行为；从严控制消落区土地耕种，严禁种植高秆作物和施用化肥、农药。

《重庆市三峡水库消落区管理办法》明确“合理利用”原则，规定任何单位和个人未经批准，不得擅自使用；确需在消落区建设涉河建设项目以及进行存放物料等活动，依法经有相关权力的机关批准；使用消落区不得影响水库安全、防洪、发电和生态环境保护。此外，规定消落区内的禁止性行为。

《湖北省人民政府办公厅关于加强三峡水库消落区管理的通知》规定允许在消落区开展临时性生产经营活动，临时性生产经营活动不得建设永久性建筑物，不得占用水库库容，不得影响水库防洪、航运和生态环境。此外，也明确消落区内的禁止行为。

重庆、湖北有关消落区内的禁止行为规定详见表 3-1-5。

表 3-1-5　消落区内的禁止行为规定一览表

法规文件	禁止性行为
《重庆市三峡水库消落区管理办法》	（1）进行围垦、毁草开荒，种植阻碍行洪的林木和高秆作物 （2）施用化肥、农药 （3）倾倒、填埋、堆放、弃置、处理固体废物 （4）排放超过国家或者本市规定排放标准的水污染物 （5）在禁止采砂区和禁止采砂期从事采砂活动 （6）法律、法规、规章规定的其他禁止行为
《湖北省人民政府办公厅关于加强三峡水库消落区管理的通知》	（1）堆放、倾倒、存贮和填埋固体废物及其他污染物 （2）遗弃、安葬、掩埋人和动物尸体 （3）乱搭乱建临时建筑，乱挖乱采沙土石料 （4）引进可能危害水库生态安全的外来物种 （5）网箱和围塘养殖 （6）饮用水源保护区、城集镇和旅游风景区周边的消落区土地以及坡度 25° 以上的农村消落区土地禁止进行农业耕种；坡度 25° 以下的农村消落区从严控制农业耕种，严禁种植高秆作物，严禁施用化肥和农药 （7）其他可能造成消落区生态环境破坏和污染水体的一切活动

2. 分区管理制度

《重庆市三峡水库消落区管理办法》建立了保留保护区、生态修复区和工程治理区分区管理制度。该办法规定山高坡陡、岩石裸露、人烟稀少的消落区，以及重要生物生境、饮用水源保护地等重要区域的消落区，作为保留保护区。保留保护区内应当减少和避免人类活动的干扰和影响，促进自然发育，保护生态系统要素，维护生态系统结构和功能。城集镇、重要旅游风景区和人口密集的农村居民点周边的消落区，作为生态修复区。生态修复区内采取封滩育草、水生生境构建等生态措施，修复消落区生态环境。库岸稳定性差、易发地质灾害的消落区，作为工程治理区。工程治理区内采取生态护坡、库岸防护、环境综合整治等生态与工程治理相结合的措施，改善消落区生态环境，增强地质灾害防御能力。

《湖北省人民政府办公厅关于加强三峡水库消落区管理的通知》将消落区划分为保留保护区域、生态修复区域和重点整治区域分别进行管理。山高坡陡、岩石裸露、人烟稀少，以及饮用水源保护地等重要的消落区，作为严格保护区，以保留自然状态的方式进行保护（重大地质灾害隐患治理除外）。城集镇、重要旅游风景区和人口密集的农村居民点周边消落区，作为生态修复区，根据不同区域环境状况和水文特征，构建乔灌草相结合的生态系统，保护生物多样性，增强降解污染、净化水质、涵养水源、改善景观等功能。库岸稳定性差、影响交通通行、房屋居住安全，以及城集镇或人口密集的农村居民点周边消落区，作为重点区域。以生物措施与工程措施相结合，开展综合整治，保障人民群众生命财产和库周基础设施安全，改善生态环境。

（四）生态环境敏感区管控制度

库区内已划定了自然保护区、风景名胜区、饮用水水源保护区、水产种质资源保护区、湿地公园、森林公园、地质公园等生态环境敏感区。重庆市、湖北省人民政府将上述生态环境敏感区的一部分区域划入生物多样性维护生态保护红线、水土保持生态保护红线、水土流失生态保护红线，实行严格保护。现行法律法规对上述生态环境敏感区规定了相关管控要求。

1. 自然保护区管控制度

《自然保护区条例》确立了核心区、缓冲区和实验区的分区管控制度。核心区禁止任何人进入，不得建设任何生产设施；因科学研究需要进入核心区从事科学研究观测、调查活动的，应当事先向自然保护区管理机构提交申请和活动计划，并经自然保护区管理机构批准。缓冲区禁止开展旅游和生产经营活动，不得建设任何生产设施。因教学科研目的进入缓冲区从事非破坏性的科学研究、教学实习和标本采集活动的，应当事先向自然保护区管理机构提交申请和活动计划，经自然保护区管理机构批准。实验区内不得建设污染环境、破坏资源或者景观的生产设施；建设其他项目，其污染物排放不得超过国家和地方规定的污染物排放标准。实验区内已建成的设施，其污染物排放超过国家和地方规定的排放标准的，应当限期治理；造成损害的，必须采取补救措施。在自然保护区的外围保护地带建设的项目，不得损害自然保护区内的环境质量；已造成损害的，应当限期治理。

2. 风景名胜区管控制度

《风景名胜区条例》规定在风景名胜区内禁止进行开山、采石、开矿、开荒、修坟立碑等破坏景观、植被和地形地貌的活动；禁止修建储存爆炸性、易燃性、放射性、毒害性、腐蚀性物品的设施；禁止设立各类开发区和在核心景区（一级保护区）内建设宾馆、招待所、培训中心、疗养院以及与风景名胜资源保护无关的其他建筑物。规定在风景名胜区内的建设活动，应当经风景名胜区管理机构审核后，依照有关法律、法规的规定办理审批手续。

3. 饮用水水源保护区制度

《饮用水水源保护区污染防治管理规定》明确保护区及准保护区制度。规定一级保护区内禁止新建、扩建与供水设施和保护水源无关的建设项目；禁止向水域排放污水，已设置的排污口必须拆除；不得设置与供水需要无关的码头，禁止停靠船舶；禁止堆置和存放工业废渣、城市垃圾、粪便和其他废弃物；禁止设置油库；禁止从事种植、放养畜禽和网箱养殖活动；禁止可能污染水源的旅游活动和其他活动。规定二级保护区内禁止新建、改建、扩建排放污染物的建设项目；原有排污口依法拆除或者关闭；禁止设立装卸垃圾、粪便、油类和有毒物品的码头。规定准保护区内禁止新建、扩建对水体污染严重的建设项目；改建建设项目，不得增加排污量。规定各级保护区及准保护区内禁止一切破坏水环境生态平衡的活动以及破坏水源林、护岸林、与水源保护相关植被的活动；禁止向水域倾倒工业废渣、城市垃圾、粪便及其他废弃物；运输有毒有害物质、油类、粪便的船舶和车辆一般不准进入保护区，必须进入者应事先申请并经有关部门批准、登记并设置防渗、防溢、防漏设施；禁止使用剧毒和高残留农药，不得滥用化肥，不得使用炸药、毒品捕杀鱼类。

4. 森林公园及湿地公园管控制度

《森林公园管理办法》规定在珍贵景物、重要景点和核心景区，除必要的保护和附属设施外，不得建设宾馆、招待所、疗养院和其他工程设施。禁止在森林公园毁林开垦和毁林采石、采砂、采土以及其他毁林行为。

《国家湿地公园管理办法》《重庆市湿地公园管理办法》规定国家及市级湿地公园内禁止下列行为：开（围）垦、填埋或者排干湿地；截断湿地水源；挖沙、采矿；倾倒有毒有害物质、废弃物、垃圾；从事房地产、度假村、高尔夫球场、风力发电、光伏发电等任何不符合主体功能定位的建设项目和开发活动；破坏野生动物栖息地和迁徙通道、鱼类洄游通道，滥采滥捕野生动植物；引入外来物种；擅自放牧、捕捞、取土、取水、排污、放生；其他破坏湿地及其生态功能的活动。

5. 地质遗迹保护制度

《地质遗迹保护管理规定》明确一级保护区和二级保护区。规定对国际或国内具有极为罕见和重要科学价值的地质遗迹实施一级保护，一级保护区非经批准不得入内，经设立该级地质遗迹保护区的人民政府地质矿产行政主管部门批准，可组织进行参观、科研或国际交往。对大区域范围内具有重要科学价值的地质遗迹实施二级保护，经设立该级地质遗迹保护区的人民政府地质矿产行政主管部门批准，可有组织地进行科研、教学、学术交流及适当的旅游活动。规定任何单位和个人不得在保护区内及可能对地质遗迹造成影响的一定范围内进行采石、取土、开矿、放牧、砍伐以及其他对保护对象有损害的活动，未经管理机构批准，不得在保护区范围内采集标本和化石。

第二节　管控现状分析

一、三峡水库水资源管理保护现状

（一）水资源开发利用情况

三峡库区年内降水分布不均，夏秋多，冬春少，多集中在5—10月，降水量占全年的70%以上，而且往往以大暴雨的形式产生。年际变幅大，枯水年与丰水年降水量相差达2倍左右。地域分布不均，东部多于西部，北部大于南部，中低山区大于丘陵河谷区。过境水资源主要集中在长江、嘉陵江和乌江。2016—2020年，库区供用水总量呈现逐年递减趋势，居民生活人均日用水量缓慢增长；用水效率显著提高，万元GDP用水量和万元工业增加值用水量显著下降，农田灌溉水有效利用系数稳步上升；主要断面河流水质整体提高。一方面是最严格水资源管理实施的成效，另一方面，也反映了三峡库区节水减污水平不断提高，水污染防治效果逐渐显现。

收集了2016—2020年重庆市各区县供水量、用水量，初步分析了重庆市2016—2020年供用水量变化情况（见表3-2-1、图3-2-1）。从表中数据可知，重庆市所在区县的供用水总量呈现逐年递减趋势。总用水量由2016年的77.483亿m^3下降到2020年的70.110 1亿m^3，下降幅度8.22%。2020年相对于2019年总用水量下降了8.31%。2019年全市生产用水59.298亿m^3，2020年全市生产用水51.789亿m^3，初步分析主要是由于疫情的影响，生产用水大幅度下降所致。

表3-2-1 重庆市2016—2020年供用水量变化情况

年份	总供水量/（亿m^3）	总用水量/（亿m^3）
2016	77.483	77.483
2017	77.440 8	77.440 8
2018	77.195 9	77.195 9
2019	76.471 9	76.471 9
2020	70.110 1	70.110 1

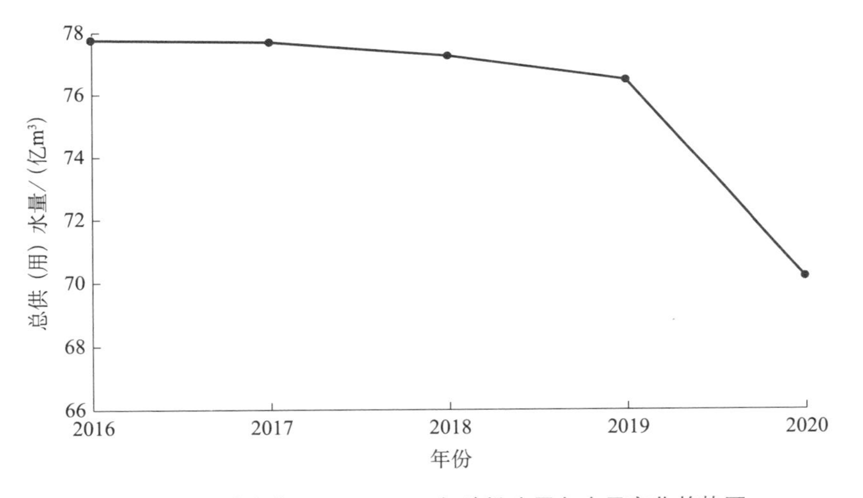

图3-2-1 重庆市2016—2020年总供（用）水量变化趋势图

从用水效率来看，2020年全市人均综合用水量219m^3，与2019年比较减少10.64%；万元GDP（当年价）用水量28m^3，与2019年比较减少13.44%。农田灌溉亩均用水量319m^3，与2019年比较减少1.72%，农田灌溉水有效利用系数0.503 7；万元工业增加值（当年价）用水量为25m^3，与2019年比较减少42.00%。居民生活人均日用水量142L，与2019年比较增加1.94%；城镇公共人均日用水量70L，与2019年比较减少10.56%；牲畜头均日用水量36L，与2019年比较增加23.85%。重庆市用水效率变化趋势如图3-2-2所示。重庆市农田灌溉水有效利用系数变化趋势如图3-2-3所示。

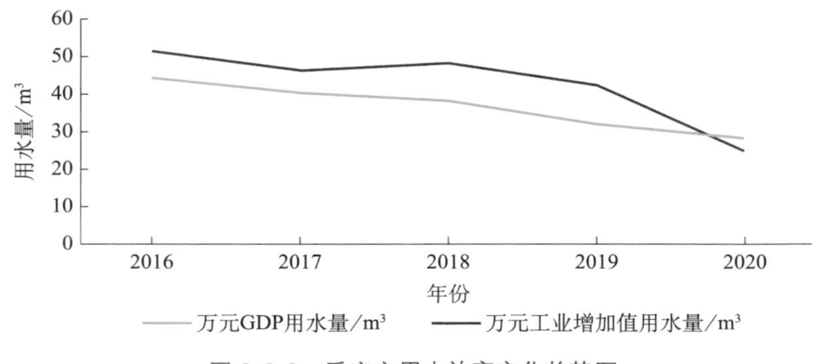

图3-2-2　重庆市用水效率变化趋势图

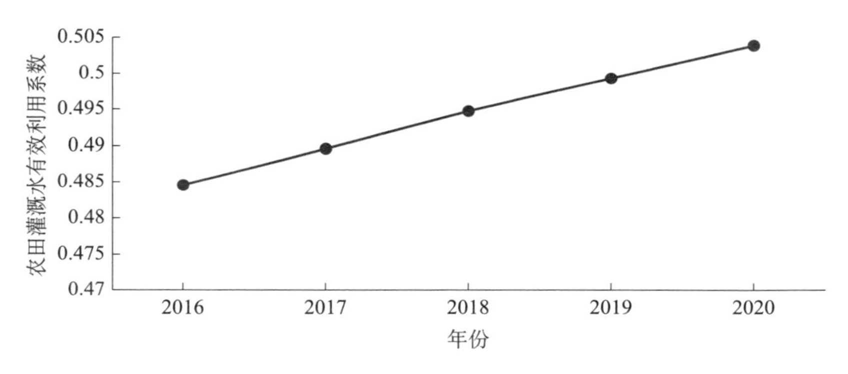

图3-2-3　重庆市农田灌溉水有效利用系数变化趋势图

三峡工程自开工以来，国家高度重视库区的水资源保护和水污染防治工作，相继制定并实施了《长江上游水污染整治规划》《三峡工程施工区环境保护实施规划》和《三峡水库库周绿化带建设规划》等。2001年11月，国务院批复实施《三峡库区及其上游水污染防治规划（2001—2010年）》，将环境保护范围由三峡库区扩展到三峡地区（库区、影响区、上游区），总面积为$7.9 \times 10^5 km^2$，涉及重庆、湖北、四川、贵州和云南等5省（直辖市）。库区采取了污染物总量减排、生态与环境保护、支流水华处置和库岸生态屏障建设等一系列有效措施，三峡水库蓄水以来库区干流水质保持良好，除个别断面的少数年份外，水质均为Ⅱ～Ⅲ类。库区37条主要支流非回水区水质多为Ⅱ～Ⅲ类，优于岷江、沱江和乌江上游来水。

（二）水资源管理存在的问题

通过调研了解和深入分析，三峡库区在水资源开发利用与用水效率方面有显著成效，但也存在一些问题。

1. 工程性缺水依然严重，库区供水保障能力亟须提升

三峡库区山高坡陡、河谷深切，且喀斯特地貌发育非常典型，水源工程建设难度大、建设费用高、供水成本高，是典型的“人往高处走，水往低处流”。水源工程历史欠账较多，跨区域骨干供水工程少，网络化程度低，调配能力弱，部分水库灌溉、生态供水长期被城镇供水挤占，水源供需矛盾突出，重庆市现状人均蓄引提水能力270m^3，不到全国平均水平的60%，低于周边四川、贵州、云南等省份，预计2035年全市缺水30亿m^3，已成为制约经济社会发展的重要瓶颈；城乡供水保障水平差异较大，2022年长江流域干旱严重，库区应急供水问题严重，建设大中型灌区，解决农村供水和产业供水问题，加强库区供水保障已经成为亟须解决的问题。

2. 水资源保护压力大，水污染治理任务重

总体来看，三峡库区回水区水质劣于非回水区。库区主要支流富营养状况有所加重，回水区富营养化程度较高，主要分布在长寿、涪陵、丰都和万州。库区主要支流总磷和总氮浓度呈上升趋势，存在爆发水华的现象。三峡水库蓄水后支流岸线长，管控难度大。移民安置区和农村居住区都是依山傍水而建，生活污水集中处理的成本极高；农业面源污染较重，防治面积较大。消落区内仍然存在零星污染物分布现象，主要是因沿江道路、库岸整治工程等建设，临时堆放的建筑土石方、砂石、矿渣等，以及部分工程建筑商、采砂场、石材厂、造船厂、货运码头等企业及个体户长期随意堆放在消落区的弃土、弃渣、弃石等。同时，三峡水库蓄水后，库区为保护一库清水，在一定程度上发展受到了限制，如何平衡保护与发展是当前及未来面临的重要课题。

3. 生态流量保障监管制度存在空白

《长江保护法》明确提出国家加强长江流域生态用水保障。国务院水行政主管部门有关流域管理机构应当将生态水量纳入年度水量调度计划，保证河湖基本生态用水需求，保障枯水期和鱼类产卵期生态流量、重要湖泊的水量和水位，保障长江河口咸淡水平衡。长江干流、重要支流和重要湖泊上游的水利水电、航运枢纽等工程应当将生态用水调度纳入日常运行调度规程，建立常规生态调度机制，保证河湖生态流量；其下泄流量不符合生态流量泄放要求的，由县级以上人民政府水行政主管部门提出整改措施并监督实施。根据《长江保护法》和长江经济带发展等国家战略要求，针对三峡库区河道内生态流量管理问题，当前相关地方正在核定各条河流的生态流量需求，具体的监督管理制度还是空白。

二、岸线管理保护

岸线具有重要的生态调节功能。库区岸线利用与河势控制、防洪安全、航运发展、水环境保护关系密切，也是落实长江经济带大保护工作的重中之重。

（一）岸线开发利用基本情况

根据《三峡水库消落区调查报告》，消落区上边线选取土地征收线，下边线为防洪限制水位 145m 接汛期 80% 洪水流量的回水水面线，据此量算出三峡库区岸线长度为 5 425.65km，详见表 3-2-2。其中，湖北省库区岸线长度 846.97km，占比 15.61%；重庆市库区岸线长度 4 578.68km，占比 84.39%。城镇段岸线长度 1 299.37km（23.95%）；农村段岸线长度 4 126.28km（76.05%）。城镇、农村段岸线长度见表 3-2-2。

表 3-2-2　三峡库区岸线长度统计表

（单位：km）

省（市）	区（县）	城镇段岸线长度	农村段岸线长度	合计
湖北	夷陵	4.14	78.49	82.63
	秭归	24.03	396.92	420.95
	兴山	17.62	66.8	84.42
	巴东	29.54	229.43	258.97
	小计	75.33	771.64	846.97
重庆	巫山	22.7	466.78	489.48
	巫溪	0.75	11.48	12.23
	奉节	39.28	283.61	322.89
	云阳	85.25	623.05	708.3
	万州	84	265.29	349.29
	开州	53.99	228.61	282.6
	忠县	64.82	412.15	476.97
	石柱	12.43	56.13	68.56
	丰都	70.12	187.58	257.7
	涪陵	144.94	435.13	580.07
	武隆	45.43	86.03	131.46
	长寿	47.27	67.22	114.49
	渝北	68.21	60.1	128.31
	巴南	102.32	99.47	201.79
	重庆市区（七区）	341.59	68.79	410.38
	江津	40.94	3.22	44.16
	小计	1 224.04	3 354.64	4 578.68
总计		1 299.37	4 126.28	5 425.65

长江干流岸线长度 1 885.66km（34.75%），支流岸线长 3 540.18km（65.25%），各支流岸线长度见表 3-2-3。

表 3-2-3　三峡库区岸线长度统计表（按干支流分）

（单位：km）

河流名称		岸线长度
长江干流		1 885.66
长江支流	沿渡河	111.07
	香溪河	136.04
	大宁河	250.71
	小江	490.90
	梅溪河	77.20
	汤溪河	109.90
	磨刀溪	112.47
	渠溪河	58.70
	龙江	26.72
	乌江	240.70
	嘉陵江	166.05
	御临河	67.92
	其他支流	1 691.80
	小计	3 540.18
总计		5 425.84

人工边坡岸段消落区面积为 34.11km^2（11.98%），岸线长 633.9km（11.68%）。自然边坡岸段消落区面积为 250.54km^2（88.02%），岸线长 4 792.05km（88.32%）。自然边坡和人工边坡的岸线长度见表 3-2-4。

表 3-2-4　三峡库区岸线长度统计表（按岸段坡面形成情况分）

（单位：km）

省（市）	区（县）	自然边坡岸线长度	人工边坡岸线长度	合计
湖北	夷陵	71.33	11.3	82.63
	秭归	401.89	19.06	420.95
	兴山	57.21	27.51	84.72
	巴东	233.08	25.89	258.97
	小计	763.51	83.76	847.27

续表

省（市）	区（县）	自然边坡岸线长度	人工边坡岸线长度	合计
重庆	巫山	474.13	15.35	489.48
	巫溪	9	3.23	12.23
	奉节	292.29	30.6	322.89
	云阳	675.97	32.33	708.3
	万州	294.16	55.13	349.29
	开州	192.34	90.26	282.6
	忠县	439.21	37.76	476.97
	石柱	59.87	8.69	68.56
	丰都	233.2	24.5	257.7
	涪陵	531.05	49.02	580.07
	武隆	127.55	3.91	131.46
	长寿	93.42	21.07	114.49
	渝北	113.18	15.13	128.31
	巴南	168.16	33.63	201.79
	重庆市区（七区）	295.16	115.22	410.38
	江津	29.85	14.31	44.16
	小计	4 028.54	550.14	4 578.68
合计		4 792.05	633.9	5 425.95

以《长江岸线开发利用和保护总体规划》为基础，通过现场收集水利（务）、港航、交通等部门资料，结合影像图及现场查勘情况，开展岸线开发利用项目调查。三峡库区岸线开发利用项目见表 3-2-5 和图 3-2-4。

涉及利用三峡水库岸线的项目共 1 072 个（不包括为确保库岸稳定开展的地质灾害治理、库岸综合整治和防洪护岸工程），主要包括港口码头、取排水口、跨（穿）江设施、生态景观工程及其他利用方式等。以港口码头为主，占 59.05%；其次为取排水口占 19.78%，跨（穿）江设施占 17.82%，生态景观工程和其他占 3.35%。

752 个项目分布于城镇岸段、占 70.15%。其中，港口码头 446 个，取排水口 168 个，跨（穿）江设施 113 个，生态景观工程 14 个，其他类型岸线开发利用项目 11 个。

320 个项目分布在农村岸段、占 29.85%。其中，港口码头 187 个，取排水口 44 个，跨（穿）江设施 78 个，生态景观工程 8 个，其他类型岸线开发利用项目 3 个。

表 3-2-5　三峡库区岸线开发利用项目汇总表

（单位：个）

省（市）	岸线区段	港口码头	取排水口	跨（穿）江设施	生态景观工程	其他	总计
湖北	总数	70	12	5	0	2	89
	其中：城镇段	24	10	0	0	0	34
重庆	总数	563	200	186	22	12	983
	其中：城镇段	422	158	113	14	11	718
全库	总数	633	212	191	22	14	1 072
	其中：城镇段	446	168	113	14	11	752

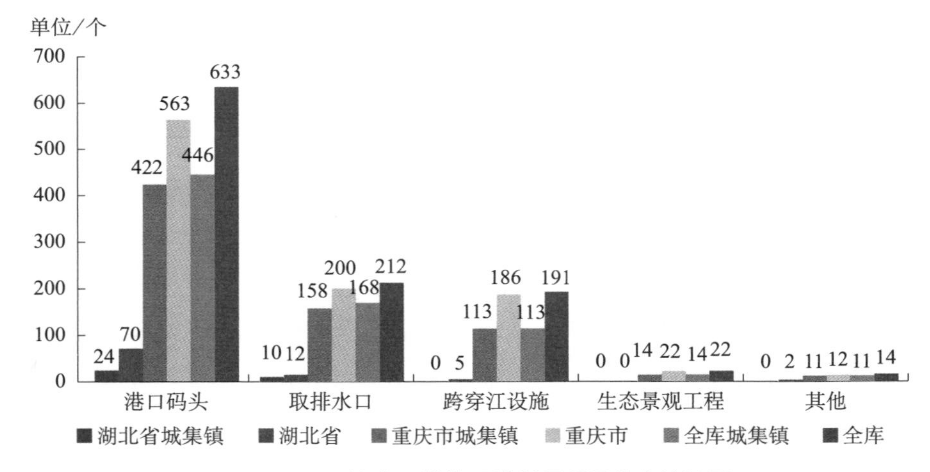

图 3-2-4　三峡库区岸线开发利用项目分布统计图

依据遥感正射影像图，结合现场查勘情况和收集的相关资料，量算岸线开发利用项目占用的岸线长度共计 329.89km，占岸线总长度的 6.08%，其中湖北库区开发利用岸线长度为 16.44km，重庆库区开发利用岸线长度为 313.45km。三峡库区岸线开发利用长度详见表 3-2-6。

表 3-2-6　三峡库区岸线开发利用长度汇总表

（单位：km）

省（市）	岸线区段	岸线长度	已开发利用岸线长度						岸线利用率 / %
			港口码头	取排水口	跨（穿）江设施	生态景观工程	其他	合计	
湖北	合计	847.25	9.88	0.88	1.52	0	4.16	16.44	1.94
	其中城镇段	75.63	4.39	0.66	0	0	0	5.05	6.68
重庆	合计	4 578.7	134.9	82.44	35.39	52.08	8.64	313.45	6.85
	其中城镇段	1 224	105.76	63.73	21.53	33.72	8.62	233.36	19.06
全库	合计	5 425.9	144.78	83.32	36.91	52.08	12.8	329.89	6.08
	其中城镇段	1 299.7	110.15	64.39	21.53	33.72	8.62	238.41	18.34

按分布区域统计，位于城镇段的岸线开发利用长度为 238.41km，占已开发利用岸线长度的 72%，占城镇段岸线总长度的 18.34%，如图 3-2-5 所示。总体而言，重庆市主城区，以及江津区和渝北区岸线利用率较高，均超过区县岸线总长度的 15%，其中，江津区岸线范围内的沿江滨江生态景观工程占用岸线长度大，岸线利用率达 76.06%。

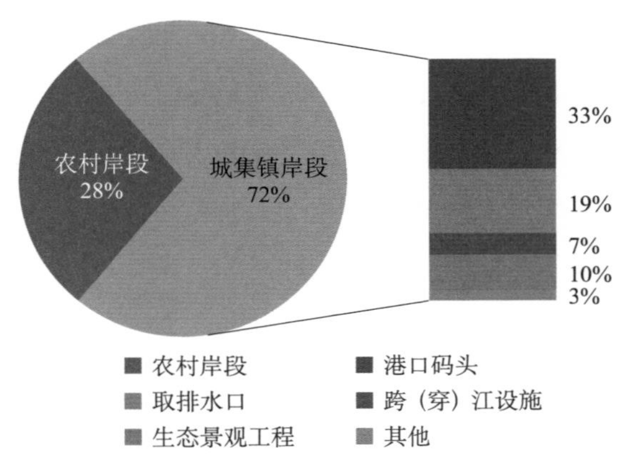

图 3-2-5　三峡库区岸线开发利用长度统计图

（二）岸线功能区开发利用情况

依据《长江岸线保护和开发利用总体规划》，三峡库区岸线分为保护区、保留区、控制利用区和开发利用区 4 类[①]。开发利用区又划分为常年利用区、季节性利用区、暂时性利用区 3 类。岸线功能区划分情况详见第四章第一节。

据统计，三峡库区内长江、乌江和嘉陵江干流岸线功能区开发利用的项目共计 883 个，详见表 3-2-7 和图 3-2-6。其中，保护区内有 69 个项目，包括港口码头 15 个、取排水口 36 个、跨（穿）江设施 17 个、生态景观工程 1 个。保留区内有 150 个项目，包括港口码头 99 个、取排水口 29 个、跨（穿）江设施 21 个、生态景观工程 1 个。控制利用区内有 451 个项目，包括港口码头 324 个、取排水口 59 个、跨（穿）江设施 54 个、生态

① 岸线保护区指岸线开发利用可能对防洪安全、河势稳定、供水安全、生态环境、重要枢纽工程安全等有明显不利影响的岸段；岸线保留区，是指暂不具备开发利用条件，或有生态环境保护要求，或为满足生态岸线开发需要，或暂无开发利用需求的岸段；岸线控制利用区，指岸线开发利用程度较高，或开发利用对防洪安全、河势稳定、供水安全、生态环境可能造成一定影响，需要控制其开发利用强度或开发利用方式的岸段；岸线开发利用区，指河势基本稳定、岸线利用条件较好，岸线开发利用对防洪安全、河势稳定、供水安全及生态环境影响较小的岸段。

景观工程及其他项目 14 个。开发利用区内有 213 个项目，包括港口码头 117 个、取排水口 56 个、跨（穿）江设施 36 个、生态景观工程及其他项目 4 个。

表 3-2-7　三峡库区内长江、乌江和嘉陵江干流岸线功能区开发利用项目统计表

（单位：个）

省（市）	功能区类型	港口码头	取排水口	跨（穿）江设施	生态景观工程	其他	总计
湖北	保护区	0	0	0	0	0	0
	保留区	9	3	0	0	0	12
	控制利用区	42	3	0	0	1	46
	开发利用区	0	0	0	0	0	0
	合计	51	6	0	0	1	58
重庆	保护区	15	36	17	1	0	69
	保留区	90	26	21	1	0	138
	控制利用区	282	56	54	6	7	405
	开发利用区	117	56	36	1	3	213
	合计	504	174	128	9	10	825
全库区	保护区	15	36	17	1	0	69
	保留区	99	29	21	1	0	150
	控制利用区	324	59	54	6	8	451
	开发利用区	117	56	36	1	3	213
	合计	555	180	128	9	11	883

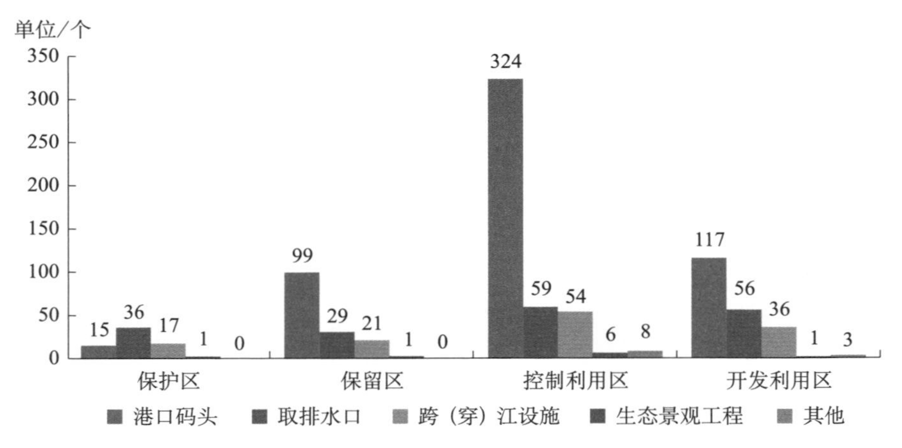

图 3-2-6 三峡库区内长江、乌江和嘉陵江干流岸线功能区开发利用项目统计图

（三）岸线管理保护的实践经验

1. 印发岸线保护和利用规划，确立岸线规划和用途管制制度

2016 年 9 月，水利部、国土资源部正式印发了《长江岸线保护和开发利用总体规划》，按照岸线保护和开发利用需求，划分了岸线保护区、保留区、控制利用区以及开发利用区等 4 类功能区。规划范围内共划分岸线保护区 516 个，长度为 1 964.2km，占岸线总长度的 11.3%；岸线保留区 1 034 个，长度为 9 306.3km，占岸线总长度的 53.5%；岸线控制利用区 817 个，长度为 4 642.8km，占岸线总长度的 26.7%；岸线开发利用区 232 个，长度为 1 480.4km，占岸线总长度的 8.5%。其中，岸线保护区和保留区长度占比合计约 64.8%，充分体现了“生态优先、绿色发展”理念。在管理措施上，严格分区管理和用途管制。水利部开展岸线负面清单制定工作。

2. 开展专项检查和清理整治行动，破解岸线管理中存在的突出问题

水利部于 2017 年底组织开展长江干流岸线保护和利用专项检查行动，覆盖长江溪洛渡以下干流河段，涉及四川、云南、重庆、湖北、湖南、江西、安徽、江苏和上海 9 个省（直辖市）3 117km 河道、8 311km 岸线。检查发现，长江干流已建、在建岸线利用项目中，一些项目存在违法违规问

题。从工程类型看，码头工程和取排水设施较多，主要表现为未办理涉河许可审批手续、未批先建、批建不符、不符合生态敏感区管控要求等。2018 年 10 月，水利部启动长江干流岸线利用项目清理整治工作。截至 2021 年 3 月，长江干流岸线项目清理整治任务基本完成，2 441 个违法违规项目已整改完成 2 431 个，腾退长江岸线 158km，拆除违法违规建筑物 234 万 m^2，清除废土弃渣 956 万 m^3，完成滩岸复绿 1 213 万 m^2。

3. 充分利用河湖长制优势，建立党政负责、部门协作的联防联控机制

搭建协同合作平台。涪陵区、万州区出台了《三峡水库消落区管理实施细则》，建立三峡水库管理联席会议，明确了消落区管理的联席会议、联合巡库、联合执法等方式，规范消落区土地使用管理。严格执法监督。依托河湖长制平台，地方各级人民政府建立政府主导、多部门协作的联合执法机制，形成执法合力。一是开展联合执法检查，组建联合执法队伍，加强跨界河流非法采砂、非法排污等违法行为的联合查处；二是开展联合专项治理，加大执法监管力度，针对重点区域开展专项执法和集中整治。各区开展消落区“治八乱”专项行动，涪陵区清理“四乱”问题 61 件，取缔了消落区内 1.33km^2 非法种植，基本消除消落区乱耕乱种行为；开州区建立保洁机制，聘请保洁人员清理岸线消落区；水污染治理方面，基本实现建制集镇污水管网全覆盖，库区水质达到Ⅲ类及以上。联合检察院，建立生态公益诉讼机制，深化行政执法和刑事司法衔接机制。将消落区的日常管理纳入河长制工作考核，推动形成消落区保护的强大合力。

（四）岸线管理保护存在的问题

对照《长江岸线保护和开发利用总体规划》，三峡库区岸线管控方面还存在以下问题。

1. 管理范围划定不统一

一是三峡水库管理范围与河道管理范围存在重叠。三峡水库的土地征用范围为高程 175m 以下区域，而库区多数区县按照 175 ～ 182m 蓄水位

来划定长江河道管理范围，造成三峡库区管理部门和河道管理部门管理范围部分重叠，职能交叉，职责不清。二是岸线确权划界难，管理范围不统一。针对岸线的管理，管理范围有 4 条线：土地征用线 175m，移民迁建线 177m（175m+2m 风浪），搬迁安置线，建设管控线 182m。不同范围，管理要求和责任主体不同。此外，库区搬迁建设最低高程线（城集镇、农村居民点），不同区县执行迁建线有差异，涪陵区以下为 182m，长寿区为 188m，重庆市区为 196m。

2. 局部江段岸线利用效率有待提高

由于缺乏统一的规划指导，部分岸线利用项目立足于局部发展需求，缺乏与国民经济发展及其他相关行业规划的协调，常以单一功能进行岸线的开发利用，不能达到岸线集约利用的效果，存在多占少用和重复建设现象，岸线利用效率不高，无法充分发挥岸线效能，造成岸线的浪费。云阳县有码头工程 54 个，占用岸线长度 5.868km，分布分散，很多码头在建成后不久就被弃用，大型造（修、拆）船厂紧沿着江边而建，规模还在不断扩张，明显存在布局不合理，利用效率低的问题。一些企业占用过多岸线，新、老码头之间留有很多空余岸线而无预留陆域用地，以及一些小企业、小码头占用较好的深水岸线，而经济效益低下，存在严重浪费岸线资源等问题。

3. 库区支流岸线开发与保护的矛盾突出

以云阳县为例，该区域地处三峡库区腹地，地形以低山丘陵地貌为主，在三峡水库建设过程中，新县城易地重建，人地矛盾比较突出，社会经济发展过程中，优质的长江岸线资源利用压力较大。从现场调查，岸线上布设的项目主要涉及码头与停靠点、防洪工程、库岸治理、道路建设、工业园区建设、取排水工程、造船和餐饮等主要项目类型，特别是工业园区、造船厂等的建设都紧靠长江，工业园区大规模土方开挖，造成大量的工程开挖面和松散堆积物，如不进行及时、合理的整治，将会对长江岸线的防洪、泥沙调控和污染防治等产生重要影响。另外，有部分造船厂在建设过程中，沿江的船台周边有松散堆积物，不利于长江岸线的生态保护。因此，社会经济发展过程中的岸线利用和生态环境保护矛盾问题仍然存在。

三、消落区管理保护

（一）消落区生态修复

实施长江两岸森林工程经济林、消落区生态修复试点、生态屏障区自然保护区廊道建设、坪西坝岸线环境综合整治等 22 个生态屏障区建设和消落区治理保护项目，累计完成投资 20.6 亿元，其中三峡后续补助资金约 8.4 亿元。建成长江两岸造林绿化 126.67km^2、生态屏障区植被恢复和库周生态保护带 53.07km^2、消落区植被修复 4.20km^2，“天窗”和“断带”现象得到根除，森林覆盖率达到 45.2%，三峡水库消落区得到有效整治，生态屏障区保土保水能力和隔离功能进一步修复完善，全面巩固了拦污治污的“最后一道防线”。

水污染治理方面，工业园区和沿江乡镇均已建成集中污水处理设施，2019 年完成江东街道菜场居民点污水处理设施建设并实现乌江沿线生活污水处理全覆盖。基本实现建制集镇污水管网全覆盖。

取缔非法农作物种植方面，2019 年，取缔非法种植，消落区非法种植面积从高峰期约 13.33km^2 逐年下降到 2019 年不足 0.14km^2。

渔业及水产养殖方面，启动长江流域禁捕和渔民退捕转产工作，421 艘捕捞渔船和 101 艘捕捞辅助船于 2019 年年底全部退捕。全面取缔非法网箱养殖。定期开展鱼类增殖放流。水域岸线清漂保洁方面，长年保持 11 艘清漂船只开展常规保洁，年均清理水域垃圾 1.2 万 t；定期不定期开展消落区垃圾清理，年均清理 300t。

地质灾害防治方面，2011 年实施三峡后续工作规划以来，三峡库区共计实施滑坡崩塌工程治理 281 处，塌岸防护总长度 69.2km，工程治理、避险搬迁和监测预警相结合，三峡库人民生命财产安全和交通航运安全得到保障。

（二）消落区农业耕种及污染物分布

1. 农业耕种情况

三峡水库淹没耕园地约280km^2，由于库区人多地少，耕地资源匮乏，库周移民群众对土地需求迫切，在蓄水初期，消落区农业耕种面积较大。蓄水以来，为保障水库水质安全，原国务院三峡办及库区各级政府通过出台管理文件，细化管理措施，落实生态环境保护责任，规范耕种行为，加强了对消落区土地耕种的监督管理。同时，由于社会经济的发展，农民外出务工人数增加，对土地的依赖程度逐步降低，城集镇周边消落区土地耕种较农村周边消落区耕种比重逐渐增大。根据收集的湖北省、重庆市及各区（县）的历年统计资料分析显示，三峡水库消落区农业耕种面积及施用农药化肥呈逐年减少趋势。2008年消落区耕种面积超过33.33km^2，2016年6月消落区耕种面积约9.33km^2，2017年6月中旬不足6.67km^2。

现状库区消落区农业耕种主要集中在5—8月间，主要种植玉米、黄豆、红薯、芝麻以及各类季节性蔬菜，高秆作物种植较普遍。施用农药、化肥等现象依然存在，约占种植面积的25%。耕种区域主要分布于城集镇和农村集中居民点周边的缓坡和中缓坡消落区，大多为零星小面积无序种植，成片大面积种植较少。

2. 污染物分布情况

通过现场查勘了解，近年来，随着国家对环保工作的重视，湖北省、重庆市及库区各区（县）加大了对长江干支流消落区“八乱”现象清理及整治工作力度，重视对消落区垃圾处理能力、污水处理能力建设，以及开展了环境治理和生态保护工程建设等，三峡水库消落区的环境保护工作取得了较好成效。调查中未见消落区大面积堆放生活垃圾，消落区环境总体上得到了改善。

但是，消落区内仍然存在零星污染物分布现象，主要是因沿江道路、库岸整治工程等建设，临时堆放的建筑土石方、砂石、矿渣等，以及部分工程建筑商、采砂场、石材厂、造船厂、货运码头等企业及个体户长期随意堆放在消落区的弃土、弃渣、弃石等。

（三）消落区管理保护的实践经验

1. 出台相关规范，消落区管理有章有法可依

为加强三峡水库消落区管理，原国务院三峡委、三峡办先后制定了《关于加强三峡后续工作阶段水库消落区管理的通知》《关于进一步加强三峡水库消落区土地耕种监督管理的通知》，细化规范了三峡库区消落区管理，特别是土地利用管理。重庆市政府出台了《重庆市三峡水库消落区管理暂行办法》，重庆市三峡水库管理局印发了《重庆市三峡水库消落区管理暂行办法实施细则》，库区秭归、奉节、云阳、万州、开州、石柱、丰都、涪陵、长寿、渝北等区（县）分别制定了消落区管理实施细则。湖北省政府办公厅印发《关于加强三峡水库消落区管理的通知》。这些规范性文件、地方性法规及规章的出台保障了消落区管理工作的规范、有序。

2. 探索建立相关工作机制，消落区管理形成合力

重庆市、湖北省及库区各区（县）在消落区管理实践中不断探索，确立了联席会议机制、联合巡库机制、联合执法机制、信息报送机制和督查督办机制等消落区的协同治理机制。

联席会议机制。由三峡水库管理部门牵头组织召开三峡水库联席会议，及时研究解决消落区管理有关问题。

联合巡库机制。由区（县）政府定期或不定期组织联席会议成员单位开展联合巡库检查，并研究解决消落区管理重大问题。

联合执法机制。由执法部门牵头、相关部门配合，对消落区的违法违规行为进行联合执法查处。

信息报送机制。有关乡镇政府、街道办和区级有关部门建立消落区使

用违法违规行为举报受理制度，畅通信息。

督查督办机制。区（县）政府责成有关部门，对消落区管理责任落实、重大违规行为处置等情况进行督查督办，并与目标考核挂钩。

如涪陵区，成立了三峡水库管理联席会议，由区三峡水库管理局任组长单位，区发改委、区经信委、区公安局、区国土资源局、区环保局、区市政园林局、区港航局等19个单位为成员，定期或不定期地研究消落区管理中的工作措施、重大问题，及时总结消落区管理工作的经验和教训，取得了较好的成效。万州区制定了“一月一巡库报告、一周一催办函告、一周一督办报告、一周一办结（反馈）报告”督办机制，促进了相关单位、部门认真履行工作职责，及时解决处理消落区管理中的问题。

3. 多措并举、分类施策，消落区管理措施有用有效

《重庆市三峡水库消落区管理暂行办法》明确采取工程性治理和生物性治理相结合的措施加强消落区生态环境保护与建设。万州区根据消落区库岸特点采取了不同的治理策略。针对人口、建筑密集的城区、集镇，陆续实施了库岸环境综合整治工程，以维护地质稳定，保障群众的生命财产安全。针对缓坡、滩涂地区，则采取自然修复为主、人工修复为辅的治理策略，试验性栽植中山杉、水桦、狗牙根、苍耳等耐淹植物，以促进消落区生态系统的修复。其中，采取了工程措施处理的55km岸线及边坡，现状保持总体稳定；未采取工程措施的边坡及岸线，发生过轻微再造变形的有179km，未发生明显再造变形边坡的岸线有115km。重庆市水利局与中科院重庆绿色智能研究院成立了重庆市三峡水库消落区保护与治理研究中心，组建了三峡水库消落区保护治理专家咨询委员会，对消落区的污染防治、生态修复、生物过程、防灾减灾等进行研究。

4. 坚持规划引领，消落区管理有章可循

长江委编制了消落区综合治理实施方案，根据自然条件、生态状况、治理现状以及治理和保护需求，将消落区划分为保留保护、生态修复和工程治理3类。组织编制河流岸线综合保护与利用规划，将消落区的保护与

利用作为重要内容，做到规划引领，为科学、有序开展消落区治理提供了遵循。万州区严格落实《长江经济带重庆市重要河道岸线保护和开发利用总体规划》，严格岸线利用审批，加强长江干流利用项目清理整治，取缔拆除项目 11 个，规范整改项目 15 个，规范岸线长度 10 286m、拆除建筑面积 607m^2，恢复绿地面积 3 800m^2，腾退水库库容约 24 800m^3。

（四）存在的主要问题

三峡水库水消落区面积大、类型多，情况复杂，受自然因素和人为干扰的影响，消落区管理问题仍较突出。

1. 消落区管理保护的问题

一是管理主体的问题。根据职能规定，由三峡集团负责消落区的管理保护，但由于三峡集团并无行政职能，在实际管理中以属地管理为主，造成管理责任主体模糊、管理职责不明、管理效果不佳等问题。

二是基层面临较为艰巨的管控任务和压力。根据重庆市出台的消落区管理办法及实施细则，按照属地管理原则，有关乡镇政府、街道办负责对本行政区域内消落区的日常巡查管理、日常保洁、宣传、信息报送等工作，对比繁重的消落区管控任务，基层政府的管理人员、管护经费投入严重不足，这将导致消落区日常管控工作执行不到位。

三是管理实践中探索建立的协作机制尚需进一步完善。在地方实践中，区（县）三峡水库管理局作为消落区的综合管理机构，主要是依托区（县）移民局开展工作，承担综合协调、组织实施和监督管理职能，并没有明确的行政执法权，也没有单独的工作经费和人员配置。区（县）的住建、农业农村、水利、生态环境、航道、市政、自然资源等部门按照职能分工。通过联合执法和协作配合，发现问题后由各部门分别行使相应的职权，虽然部分区（县）创新了工作机制，取得了一定成效，但多数区（县）仍存在时效性较差、权威性不够、部门之间相互推诿的现象。

四是重庆市、湖北省之间管控的严格程度不一致。对三峡库区消落区的农业种植行为的管控，湖北省较重庆市更加严格。湖北省从严控制库区消落区种植行为，明确规定禁止农业耕种的区域包括饮用水水源保护区、城集镇和旅游风景区周边的消落区土地以及坡度 25° 以上的农村消落区土地。对库区坡度 25° 以下的农村消落区，也规定严格控制农业耕种，严禁种植高秆作物。重庆市限制在三峡库区消落区开展农业种植行为，明确规定区位、景观有明显优势的部分孤岛可发展生态旅游和现代生态农业，同时对于种植区域以及作物类型也缺乏可操作的细化规定。在消落区分区管控上，湖北省划分更为详细，除将消落区划分为生态保护区和修复区外，还划定了重点整治区域，明确了整治和恢复措施。

2. 消落区作物种植现象仍然存在

三峡移民搬迁已对原土地、房屋等给予补偿，消落区内土地从法律层面已属国家所有，周边农户未经许可不能进行耕作和利用，这也是保护库区生态的重要手段。调研发现，三峡水库退水后，由于库区人地矛盾突出、农民传统种植习惯等因素，部分乡镇仍有少部分群众在水库水位消落时种植农作物，且存在种植高秆作物现象。水利部门依据《中华人民共和国防洪法》（以下简称《防洪法》）《河道管理条例》对河道内种植高秆作物的行为采取了强制取缔、拆除等措施进行执法，但种植蔬菜等非高秆作物没有强制性的规定。《重庆市三峡水库消落区管理暂行办法》明确了由农业部门对消落区种植行为总体牵头负责，但对种植非高秆作物明确为“限制行为”，没有强制措施，只能宣传、劝导，力度不足。不同部门间对于消落区种植规定存在差异，万州区林业部门在消落区生态修复中种植中山杉，与水利部门的禁止种植高秆作物以免影响行洪的相关规定有冲突。

3. 水土流失现象仍然存在

由于三峡库区地形地貌与岸坡地质结构复杂，雨量丰沛且暴雨集中，地质灾害频发，水土保持功能减弱，水土流失严重，土壤侵蚀量和入库泥沙量增加。《全国水土保持规划国家级水土流失重点预防区和重点治理区复核划分成果》将三峡—葛洲坝区段列为国家级水土流失重点治理区。根据

《全国重点湖泊水库生态安全调查与评估——三峡水库生态安全调查与评估专题报告》，和长江水利委员会有关监测数据，三峡库区土地侵蚀区面积占总幅员面积约 88%，水土流失面积占总幅员面积约 82.9%。库区年入江泥沙总量为 3 826 万 t，平均输沙模数为 713t /（km^2 · a）。

4. 消落区水土受污染影响水库水质

消落区是三峡水库与库区陆地的交错过渡与衔接地带，消落区水土环境受水库上游长江流域污染物（由长江带入水库）和库区陆域污染物的影响。库区陆域污染物尤其是作物种植产生的面源污染除部分经支流水体进入水库外，相当部分污染物是通过水土流失和地表径流进入消落区，经滞留积累和转化再进入水库；受水位规律性消涨影响，消落区物质、能量交换转化频繁而强烈，在污染物迁移转化中具有“库”“源”“转换传递站”和“调节器”的作用；消落区水土环境受污染后将进而影响水库水质，影响库岸带城乡居民的生活生产及健康。

5. 滑坡、崩塌、泥石流等地质灾害时有发生

三峡水库 175m 蓄水后，库岸地下水位显著抬高，使沿江碳酸盐岩体、风化岩体及坡积层土含水量由不饱和变为饱和；175m 高水位长期浸泡，将使岩土内部应力及物理、化学性能发生显著变化，岩土体凝聚力及抗剪力大幅度下降。因此，三峡水库水位抬高和变动，除加剧老滑坡、老崩塌危险区的复活外，还会产生某些新的滑坡、崩塌。如新滩、安乐寺、太白崖等大型滑坡体，向家湾、白鹤坪、鸭浅湾等崩塌体。地貌形态不同，库水作用力的大小有较大差异，前缘临空面高陡的崩塌、滑坡体，平均坡度较大，受库水作用力强，容易使老崩塌堆积体、滑坡体失稳和可能产生新的地质灾害。三峡水库蓄水后，一些原本稳定的斜坡和冲沟，由于库岸变形失稳将发展成新的泥石流沟。三峡库区地质灾害防治是长期任务，不能懈怠和放松。

第四章

三峡库区水生态空间划分

建立分区管控制度是三峡库区水生态空间管控的一项重要核心制度。本章研究提出三峡库区水生态空间分区划分方案，为落实分区管控制度提供技术支撑。由于三峡库区水生态空间涉及范围广，因此本章划分的空间范围限定在三峡库区的长江干流，上边线选取三峡库区土地征收线。

第一节　三峡库区水生态空间功能分区现状

一、水功能区划情况

三峡库区（长江干流）共划分一级水功能区 20 个，其中，开发利用区 9 个，保留区 10 个，缓冲区 1 个（见表 4-1-1）；二级水功能区 34 个，水质目标为Ⅱ类或Ⅲ类（见表 4-1-2）。

表 4-1-1　三峡库区（长江干流）水功能区划一级水功能区

序号	一级水功能区名称	范围		距离 /km	水质目标
		起始断面	终止断面		
1	重庆城区开发利用区	左：巴南区马桑溪大桥	左：井池	56.5	Ⅲ
		右：巴南区马桑溪大桥	右：巴南区木洞镇	68.0	
2	巴南、长寿保留区	左：井池	左：沙溪河口	32.0	Ⅱ
		右：巴南区木洞镇	右：扇沱乡	29.0	
3	长寿开发利用区	左：沙溪河口	左：凤城镇黄草峡	22.0	Ⅲ
		右：扇沱乡	右：石庙村	10.0	
4	长寿、涪陵保留区	左：凤城镇黄草峡	左：涪陵区李渡镇	32.0	Ⅱ
		右：石庙村	右：龙桥	38.0	
5	涪陵开发利用区	左：涪陵区李渡镇	左：江北办事处韩家沱	36.0	Ⅲ
		右：龙桥	右：滩垴	28.0	
6	涪陵、丰都保留区	左：江北办事处韩家沱	左：三合镇汇南页岩砖厂	50.0	Ⅱ
		右：滩垴	右：丰都自来水公司上游 1km	46.0	
7	丰都开发利用区	右：丰都自来水公司上游 1km	右：三合镇汇南页岩砖厂	8.0	Ⅲ
		龙河：鱼剑口水电站	龙河：河口	10.0	
8	丰都、忠县保留区	左：三合镇汇南页岩砖厂	左：白公祠	54.0	Ⅱ
9	忠县开发利用区	左：白公祠	左：忠州镇顺溪场	20.0	Ⅲ
10	忠县、万州保留区	左：忠州镇顺溪场	左：万州区高峰镇	47.0	Ⅱ
		右：忠州镇顺溪场	右：万州城区新田	47.5	
11	万州开发利用区	左：万州区高峰镇	左：大周	26.0	Ⅲ
		右：万州城区新田	右：太龙镇	27.0	

续表

序号	一级水功能区名称	范围		距离 /km	水质目标
		起始断面	终止断面		
12	万州、云阳保留区	左：大周	左：小江河口上游1km	15.5	Ⅱ
		右：太龙镇	右：云阳长江大桥下游 4km	26.5	
13	云阳开发利用区	左：小江河口上游1km	左：云阳长江大桥下游 4km	11.0	Ⅱ～Ⅲ
14	云阳、奉节保留区	左：云阳长江大桥下游 4km	左：奉节县布衣河入江口	71.0	Ⅱ
15	奉节开发利用区	左：奉节县布衣河入江口	左：奉节长江大桥	4.0	Ⅲ
16	奉节、巫山保留区	左：奉节长江大桥	左：长江左库岸大宁河口上游 2km	41.0	Ⅱ
		右：奉节长江大桥	右：巫山长江大桥	45.0	
17	巫山开发利用区	左：长江左库岸大宁河口上游 2km	左：巫山长江大桥	4.0	Ⅲ
18	巫山保留区	巫山长江大桥	巫山县曲尺滩	16.0	Ⅱ
19	长江渝鄂缓冲区	巫山县曲尺滩	巴东县彭家沱	15.0	Ⅱ
20	巴东、秭归保留区	巴东县彭家沱	三峡坝址	85.0	Ⅱ

表 4-1-2　三峡库区（长江干流）水功能区划二级水功能区

序号	二级水功能区名称	一级水功能区名称	起始断面	终止断面	距离 /km	水质目标
1	大渡口饮用、工业用水区	重庆城区开发利用区	巴南区马桑溪大桥	九龙坡区桃花溪	5.0	Ⅲ
2	九龙饮用、工业用水区		九龙坡区桃花溪	渝中区黄沙溪	10.0	Ⅲ
3	渝中饮用、景观用水区		渝中区黄沙溪	江北嘴（朝天门）	10.0	Ⅲ

续表

序号	二级水功能区名称	一级水功能区名称	起始断面	终止断面	距离/km	水质目标
4	江北饮用、工业用水区	重庆城区开发利用区	江北嘴（朝天门）	唐家沱	13.0	Ⅲ
5	江北排污控制区		唐家沱	铜锣峡入口	1.5	Ⅱ
6	江北过渡区		铜锣峡入口	鱼嘴	12.0	Ⅲ
7	鱼嘴饮用、工业用水区		鱼嘴	井池	5.0	Ⅲ
8	巴南饮用、工业用水区		巴南区马桑溪大桥	南岸区麒龙村	8.0	Ⅲ
9	南岸饮用、景观用水区		南岸区麒龙村	鸡冠石	34.0	Ⅲ
10	南岸排污控制区		鸡冠石	纳溪沟	4.0	Ⅱ
11	南岸过渡区		纳溪沟	巴南区木洞镇	22.0	Ⅲ
12	长寿工业、景观用水区	长寿开发利用区	沙溪河口	凤城镇黄草峡	22.0	Ⅲ
13	长寿饮用、工业用水区		扇沱乡	石庙村	10.0	Ⅲ
14	涪陵李渡饮用、工业用水区	涪陵开发利用区	涪陵区李渡镇	黄旗	15.0	Ⅲ
15	涪陵景观娱乐用水区		黄旗	江北办事处韩家沱	21.0	Ⅲ
16	涪陵饮用、工业用水区		龙桥	乌江入江口	15.0	Ⅲ
17	涪陵工业、景观用水区		小溪天生桥	乌江入江口	10.0	Ⅲ
18	涪陵饮用、景观用水区		荔枝镇梨子	滩垴	13.0	Ⅲ
19	龙宝饮用、工业用水区	万州开发利用区	高峰镇	苎溪河	12.0	Ⅲ
20	天城工业、景观用水区		苎溪河	大周	14.0	Ⅲ
21	五桥饮用水源区		万州城区新田	陈家坝规划水厂	8.0	Ⅲ

续表

序号	二级水功能区名称	一级水功能区名称	起始断面	终止断面	距离/km	水质目标
22	五桥工业用水区	万州开发利用区	陈家坝规划水厂	太龙镇	19.0	Ⅲ
23	开县饮用水源区	开县开发利用区	长江三峡水库小江支流南河库汉竹溪镇	新城区生活取水口	8.0	Ⅲ
24	开县工业、景观用水区		新城区生活取水口	河口	7.0	Ⅲ
25	开县丰乐工业、景观用水区		开县白鹤街道石伞坝	开县渠口镇普里河入河口	18.0	Ⅲ
26	巫山工业、景观用水区	巫山开发利用区	龙门桥	大宁河河口	3.5	Ⅲ
27	巫山饮用水源区		大宁河口上游2km	巫山长江大桥	4.0	Ⅲ
28	云阳小江饮用、工业用水区	云阳开发利用区	澎溪河大桥	小江河口	8.5	Ⅲ
29	云阳饮用、工业用水区		小江河口上游1km	云阳长江大桥下游4km	11.0	Ⅱ
30	丰都饮用水源区	丰都开发利用区	丰都自来水公司取水点上游1km	三合镇汇南页岩砖厂	8.0	Ⅲ
31	丰都龙河工业、景观娱乐用水区		鱼剑口水电站	河口	10.0	Ⅲ
32	忠县饮用水源区	忠县开发利用区	白公祠	罗家桥	8.0	Ⅲ
33	忠县工业、景观用水区		罗家桥	左：忠州镇顺溪场	12.0	Ⅲ
34	奉节工业、景观娱乐用水区	奉节开发利用区	奉节县布衣河入江口	奉节长江大桥	4.0	Ⅲ

二、岸线功能区划分情况

目前，三峡库区长江干流、乌江和嘉陵江段岸线功能区共划分为4类315段，其中，保护区46段，保留区107段，控制利用区106段，开发利用区56段。划分情况统计见表4-1-3和图4-1-1。主要划分依据如下。

1）岸线保护区：根据水源地一级保护区要求划定岸线保护区37段，依据保护三峡、银盘等重要水利枢纽、长江大桥和小三峡景区等需要划定岸线保护区9段。

2）岸线保留区：根据二级水源保护区要求划定岸线保留区10段，根据国家级水产种质资源保护核心区、自然保护区缓冲区或实验区、县级湿地公园或湿地、生态景观区保护需要等划定岸线保留区19段，近期无规划、利用需求，现状利用程度不高或条件较差区域等划定岸线保留区76段。

3）岸线控制利用区：根据保证已建或规划港口码头和作业区、风景名胜区和防洪护岸等项目区库岸稳定、规划目标实现的要求，划定岸线控制利用区106段（含少量地形条件较差、开发利用困难区域）。

4）岸线开发利用区：考虑城乡总体规划和城镇建设需要以及交通、能源等行业规划重点项目建设区域开发利用需要，划定岸线开发利用区56段。

表4-1-3　三峡库区长江干流及乌江和嘉陵江段岸线功能区统计表

（单位：段）

省（市）	岸线区段	保护区	保留区	控制利用区	开发利用区	总计
湖北	合计	3	11	11	1	26
	其中城镇段	3	5	8	0	16
重庆	合计	43	96	95	55	289
	其中城镇段	40	67	80	46	233
全库	合计	46	107	106	56	315
	其中城镇段	43	72	88	46	249

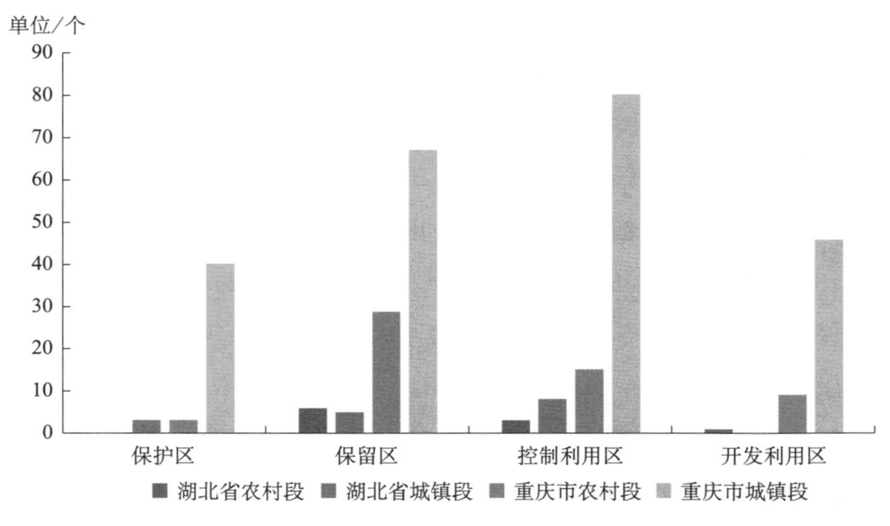

图 4-1-1　三峡库区长江干流及乌江和嘉陵江段岸线功能区数量统计图

三、消落区划分情况

目前，三峡水库消落区划分为保留保护、生态修复和综合治理 3 类 882 段。其中，保留保护区共 446 段，面积 188.01km^2，涉及岸线长度 3 880.64km，占消落区总面积和总岸线长度的 66.05% 和 71.52%；生态修复区共 33 段，面积 24.46km^2，涉及岸线长度 247.11km，占消落区总面积和总岸线长度的 8.59% 和 4.55%；综合治理区共 403 段，面积 72.18km^2，涉及岸线长度 1 298.18km，占消落区总面积和总岸线长度的 25.35% 和 23.93%。三峡库区消落区类型划分情况见表 4-1-4。

表 4-1-4　三峡库区消落区类型划分情况汇总表（分省份）

类型区	湖北省			重庆市			合计		
	岸段数量	面积/km^2	岸线长度/km	岸段数量	面积/km^2	岸线长度/km	岸段数量	面积/km^2	岸线长度/km
保留保护区	78	25.94	651.46	368	162.07	3 229.17	446	188.01	3 880.63

续表

类型区	湖北省			重庆市			合计		
	岸段数量	面积 /km²	岸线长度 /km	岸段数量	面积 /km²	岸线长度 /km	岸段数量	面积 /km²	岸线长度 /km
生态修复区	2	0.41	6.23	31	24.05	240.88	33	24.46	247.11
综合治理区	80	10.79	189.56	323	61.37	1 108.62	403	72.18	1 298.18
合计	160	37.14	847.25	722	247.49	4 578.67	882	284.65	5 425.92

四、生态环境敏感区分布情况

三峡库区内生态环境敏感区包括 5 处湿地公园、5 处森林公园、3 处风景名胜区、9 处自然保护区、1 处水产种质资源保护区、1 处地质公园及 23 处县级以上饮用水水源保护区。三峡库区内生态环境敏感区名录详见表 4-1-5。三峡库区内饮水水源地分布示意图如图 4-1-2 所示。

表 4-1-5　三峡库区内环境敏感区名录一览表

敏感区类别	序号	名称	级别	位置
湿地公园	1	重庆龙河国家湿地公园	国家级	重庆市丰都县
	2	重庆汉丰湖国家湿地公园	国家级	重庆市开州区
	3	重庆皇华岛国家湿地公园	国家级	重庆市忠县
	4	重庆苦溪河湿地公园	市级	重庆市南岸区
	5	重庆九曲河市级湿地公园	市级	重庆市渝北区
森林公园	1	南山国家级森林公园	国家级	重庆市南岸区
	2	双桂山国家森林公园	国家级	重庆市丰都县
	3	铁山坪市级森林公园	市级	重庆市江北区
	4	重庆市巴营市级森林公园	市级	重庆市忠县
	5	华巅池市级森林公园	市级	重庆市江北区

续表

敏感区类别	序号	名称	级别	位置
风景名胜区	1	长江三峡风景名胜区	市级	重庆、湖北
	2	忠县甘井沟风景名胜区	市级	重庆市忠县
	3	小溪市级风景名胜区	市级	重庆市涪陵区
自然保护区	1	重庆澎溪河湿地市级自然保护区	市级	重庆市开州区、云阳县
	2	重庆江南市级自然保护区	市级	重庆市奉节县、巫山县
	3	长江湖北宜昌中华鲟省级自然保护区	省级	湖北宜昌市
	4	万州湿地县级自然保护区	县级	重庆市万州区
	5	巫山湿地县级自然保护区	县级	重庆市巫山县
	6	龙河湿地县级自然保护区	县级	重庆市丰都县
	7	石柱县水磨溪湿地县级自然保护区	县级	重庆市石柱县
	8	小三峡县级自然保护区	县级	重庆市北碚区
	9	云阳小江湿地县级自然保护区	县级	重庆市开州区
种质资源保护区	1	长江重庆段四大家鱼国家级水产种质资源保护区	国家级	重庆
地质公园	1	长江三峡国家地质公园	国家级	重庆、湖北
饮用水水源保护区	1	巴南区长江大江水厂水源地保护区	县级以上	重庆市巴南区、大渡口区
	2	巴南区长江鱼洞石水源地保护区	县级以上	重庆市巴南区、大渡口区
	3	大渡口区长江丰收坝水源地保护区	县级以上	重庆市大渡口区
	4	二蹬岩长江取水点饮用水水源地保护区	县级以上	重庆市涪陵区
	5	涪陵区长江涪陵城区水域地饮用水水源地保护区	县级以上	重庆市涪陵区
	6	嘉陵江梁沱水厂饮用水水源地保护区	县级以上	重庆市江北区

续表

敏感区类别	序号	名称	级别	位置
饮用水水源保护区	7	嘉陵江沙坪坝水厂（含中渡口、高家花园）水源地保护区	县级以上	重庆市沙坪坝区
	8	建峰水厂饮用水水源地保护区	县级以上	重庆市涪陵区
	9	江北街道长江取水点饮用水水源保护区	县级以上	重庆市涪陵区
	10	江东水厂乌江取水点饮用水水源保护区	县级以上	重庆市涪陵区
	11	荔枝街道乌江取水点饮用水水源保护区	县级以上	重庆市涪陵区
	12	南河石龙船饮用水水源保护区	县级以上	重庆市开州区
	13	沙坪坝嘉陵江井口水源地保护区	县级以上	重庆市沙坪坝区、北碚区
	14	杨柳水厂城市饮用水源保护区	县级以上	重庆市万州区
	15	鱼嘴水厂饮用水水源保护区	县级以上	重庆市江北区
	16	渝北区悦来街道嘉陵江水源地保护区	县级以上	重庆市北碚区、渝北区
	17	渝中区嘉陵江干流饮用水水源保护区	县级以上	重庆市渝中区
	18	长江大学城水厂饮用水水源地保护区	县级以上	重庆市九龙坡区、江津区
	19	珍溪长江取水点饮用水水源保护区	县级以上	重庆市涪陵区
	20	重庆市自来水公司和尚山水厂、渝中区水厂黄沙溪水厂饮用水水源保护区	县级以上	重庆市九龙坡区
	21	重庆市自来水公司黄桷渡水厂水源地保护区	县级以上	重庆市南岸区
	22	秭归县凤凰山长江段水源地	县级以上	宜昌市秭归县
	23	巴东县万福河水源地	县级以上	恩施州巴东县

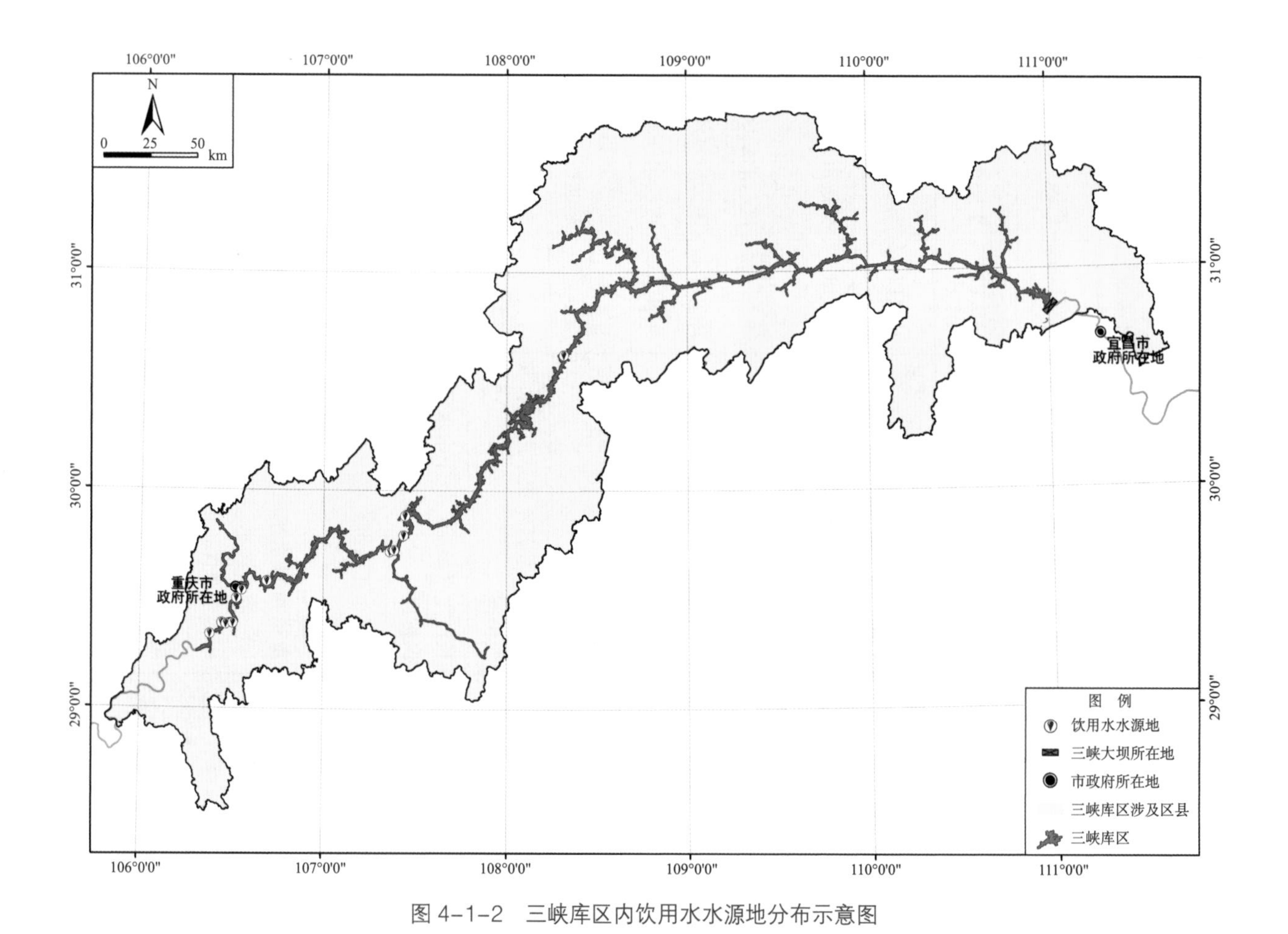

图 4-1-2 三峡库区内饮用水水源地分布示意图

第二节　三峡库区水生态空间分区划分

一、开展三峡库区水生态空间分区划分的必要性

三峡库区涉及多个功能分区，不同的功能分区易造成管控要求不一致、管控责任主体交叉、分区重叠以及区域主体功能不清晰等问题。按照当前优化国土空间管控、推进“多规合一”和长江大保护开展山水林田湖草系统治理的要求，针对三峡库区水生态系统格局与功能的空间异质性特征，在现有各类功能分区的基础上，整合相关空间分区结果，开展更为精细的生态空间分区划分研究，提出科学合理、操作性强的分区成果和分区管控措施，有利于实现库区水生态空间精细化管理，对促进三峡库区高质量发展和完善长江经济带空间规划布局有重要支撑作用。

二、三峡库区水生态空间分区划分方案

参考《全国主体功能区规划》《重庆市生态保护红线》《湖北省生态保护红线》《湖北省人民政府关于加快实施“三线一单”生态环境分区管控的意见》《重庆市人民政府关于落实生态保护红线、环境质量底线、资源利用上线制定生态环境准入清单实施生态环境分区管控的实施意见》《长江岸线开发利用和保护总体规划》《全国重要江河湖泊水功能区划（2011—2030年）》，确定三峡库区水生态空间分区管控划分优化调整方案，将三峡库区水生态空间划分为保护区、保留区、控制利用区和开发利用区 4 类。

1）保护区是指具有供水安全、生态环境、重要枢纽工程安全等重要保护要求的岸线、水域。

2）保留区是指具有生态环境一般保护要求，或满足生活生态开发需

要，或暂无开发利用需求的岸线、水域。

3）控制利用区是指开发利用程度较高，或开发利用对防洪安全、河势稳定、供水安全、生态环境可能造成一定影响，需要控制开发利用强度或开发利用方式的岸线、水域。

4）开发利用区是指开发利用对防洪安全、河势稳定、供水安全以及生态环境影响较小的岸线、水域。

经研究，三峡库区内共划分保护区 42 个，岸线长度为 63.44km，占岸线总长度的 3.0%，水域面积 71.19km^2，占水域面积 10.5%。保留区 91 个，长度为 1 084.86km，占岸线总长度的 50.7%，水域面积 448.73km^2，占水域面积 66.3%。控制利用区 80 个，岸线长度为 793.42km，占岸线总长度的 37.0%，水域面积 0。开发利用区 39 个，岸线长度为 200.04km，占岸线总长度的 9.3%，水域面积 157.41km^2，占水域面积 23.2%。三峡库区水生态空间功能分区划分方案见表 4-2-1，三峡库区涪陵至丰都段水生态空间划分方案如图 4-2-1 所示，三峡库区丰都县城区段水生态空间划分卫星影像图如图 4-2-2 所示。三峡库区水生态空间划分详细方案见附表 1 和附图 1。

表 4-2-1　三峡库区水生态空间功能分区划分方案

行政区	功能分区	个数	岸线长度 / km	岸线占比 / %	水域面积 / km^2	面积占比 / %
重庆市	保护区	36	36.51	2.1	67.07	11.6
	保留区	78	855.48	48.2	354.59	61.2
	控制利用区	69	681.11	38.4	0	0
	开发利用区	39	200.04	11.3	157.41	27.2
	小计	222	1 773.14	100	579.07	100
湖北省	保护区	6	26.93	7.3	4.12	4.2
	保留区	13	229.38	62.2	94.14	95.8
	控制利用区	11	112.31	30.5	0	0
	开发利用区	0	0	0	0	0
	小计	30	368.62	100	98.26	100

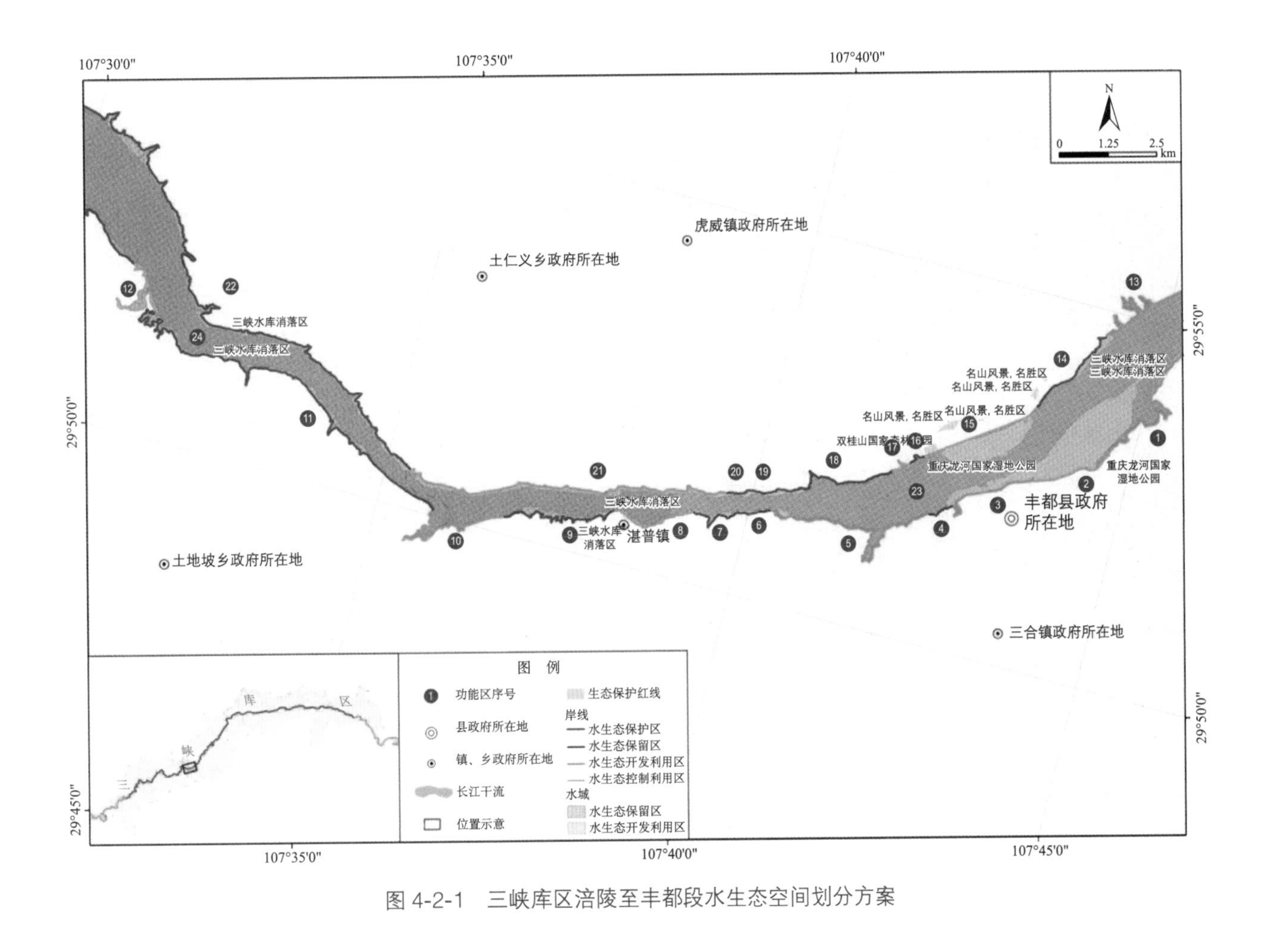

图 4-2-1　三峡库区涪陵至丰都段水生态空间划分方案

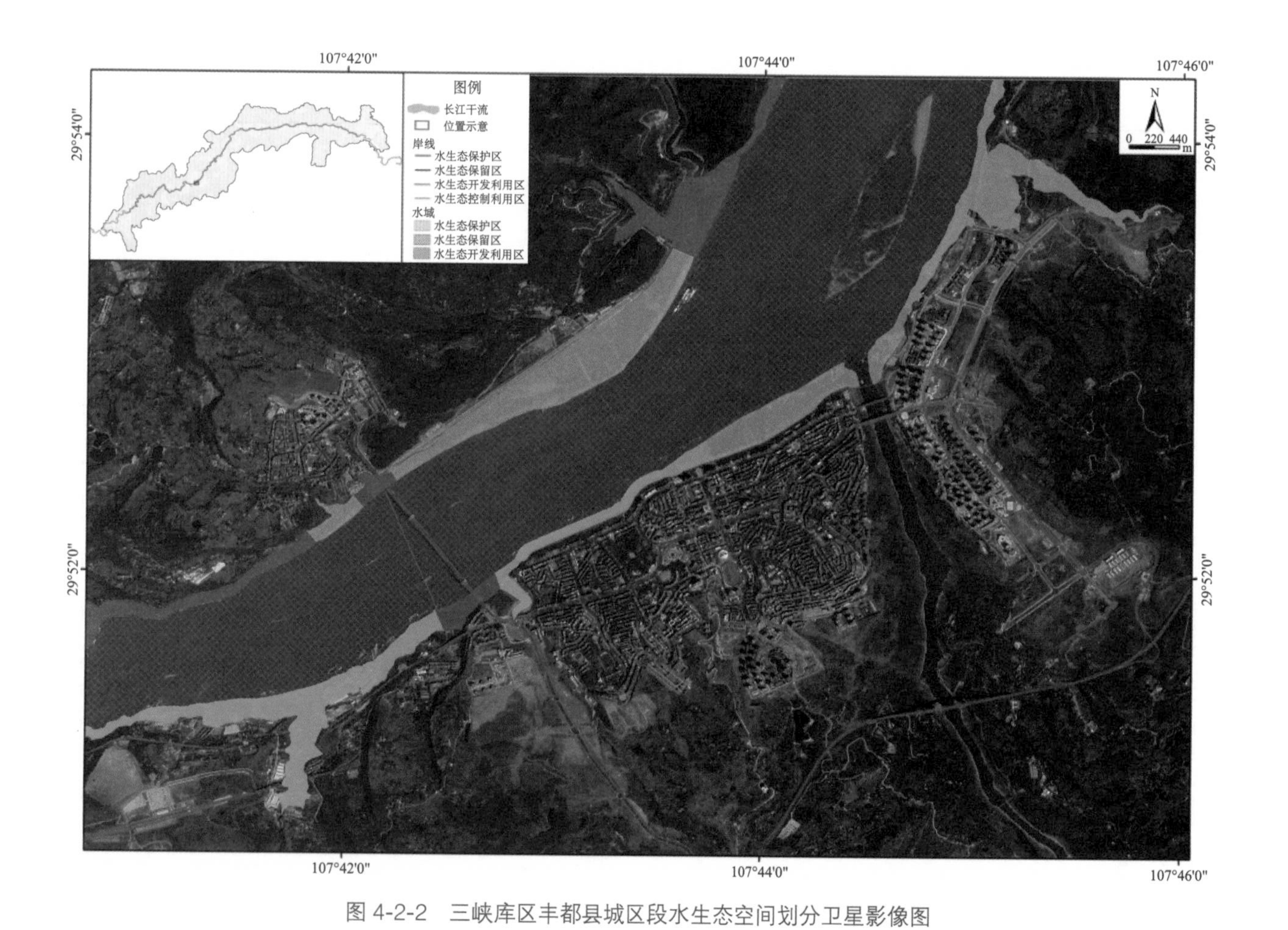

图 4-2-2　三峡库区丰都县城区段水生态空间划分卫星影像图

三、三峡库区水生态空间各功能分区及管控要求

（一）保护区划分及管控要求

1. 保护区划分

保护区包括保障供水安全的保护区和保护生态环境的水生态空间保护区 2 类。

1）保障供水安全的保护区。

列入重庆市、湖北省集中式饮用水水源地名录的水源地，其一级保护区划为保护区。据统计，三峡库区内集中式饮用水水源地共 13 个，其中重庆市 12 个，湖北省 1 个，见表 4-2-2。

表 4-2-2 三峡库区内集中式饮用水水源地

水源地名称	所属省（直辖市）
巴南区长江大江水厂水源地保护区	重庆市巴南区、大渡口区
巴南区长江鱼洞石水源地保护区	重庆市巴南区、大渡口区
大渡口区长江丰收坝水源地保护区	重庆市大渡口区
二蹬岩长江取水点饮用水水源地保护区	重庆市涪陵区
涪陵区长江涪陵城区水域地饮用水水源地保护区	重庆市涪陵区
江北街道长江取水点饮用水水源保护区	重庆市涪陵区
杨柳水厂城市饮用水源保护区	重庆市万州区
鱼嘴水厂饮用水水源保护区	重庆市江北区
长江大学城水厂饮用水水源地保护区	重庆市九龙坡区、江津区
珍溪长江取水点饮用水水源保护区	重庆市涪陵区
重庆市自来水公司和尚山水厂、渝中区水厂黄沙溪水厂饮用水水源保护区	重庆市九龙坡区
重庆市自来水公司黄桷渡水厂水源地保护区	重庆市南岸区
秭归县凤凰山长江段水源地	湖北省宜昌市秭归县

2）保护生态环境的水生态空间保护区。

自然保护区、风景名胜区、水产种质资源保护区的核心区划为水生态空间保护区，见表 4-2-3。

表 4-2-3　划为水生态空间保护区的自然保护区、风景名胜区、水产种质资源保护区统计表

水生态空间保护区名称	所属省（直辖市）
长江上游珍稀特有鱼类国家级自然保护区	重庆市大渡口区、九龙坡区
重庆江南市级自然保护区	重庆市奉节县、巫山县
万州湿地县级自然保护区	重庆市万州区
长江三峡国家级风景名胜区	重庆市、湖北省
长江重庆段四大家鱼国家级水产种质资源保护区	重庆市

三峡库区大坝属于重点保护区域，其周边区域主要划为水生态空间保护区，其卫星影像图如图 4-2-3 所示。

保护区应根据保护目标有针对性地进行管理，严格按照相关法律法规的规定进行管控，禁止建设可能影响保护目标实现的建设项目。在保护区内必须实施的防洪护岸、河道治理、供水、航道整治、国家重要基础设施等事关公共安全及公众利益的建设项目，须经充分论证并严格按照法律法规要求履行相关许可程序。

为保障供水安全划定的保护区，区内禁止新建、扩建与供水设施和保护水源无关的建设项目。

为保护生态环境划定的保护区，自然保护区核心区、缓冲区内不得建设任何生产设施；风景名胜区核心景区内禁止建设违反风景名胜区规划以及与风景名胜资源保护无关的项目；水产种质资源核心区内禁止围垦和建设排污口。

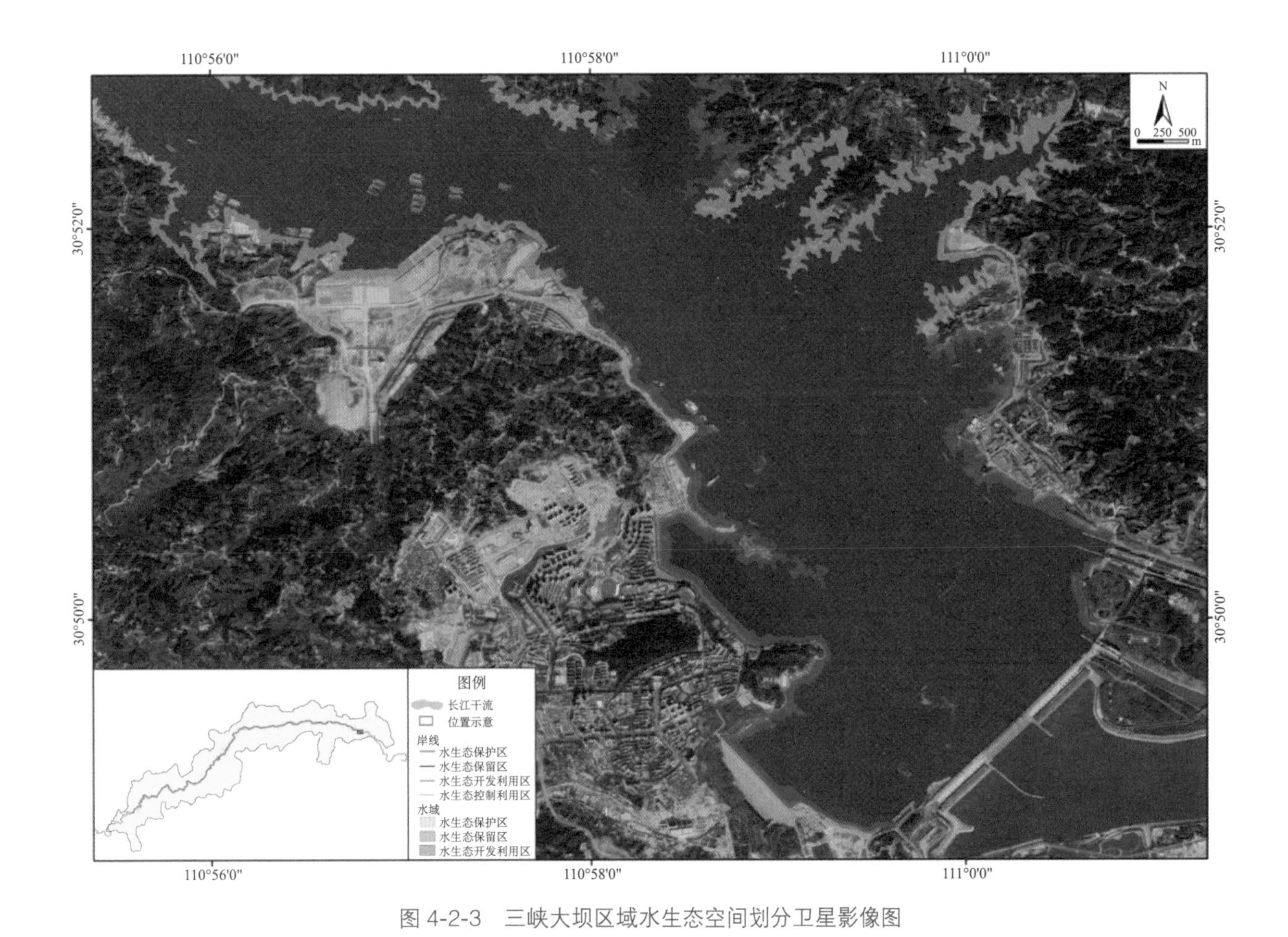

图 4-2-3　三峡大坝区域水生态空间划分卫星影像图

（二）保留区划分及管控要求

1. 保留区划分

保留区划分包括以下 3 类情况。

1）为生态环境保护划定的保留区。

饮用水水源地的二级保护区、自然保护区实验区划为保留区，水产种质资源保护区实验区、湿地公园等生态敏感区划为保留区，三峡库区秭归县屈原镇段水生态空间划分卫星影像图如图 4-2-4 所示。

2）为满足生活生态岸线开发需要划定的保留区。

对满足生活、生态建设需要的岸线，划为保留区。

3）暂无开发利用需求划定的保留区。

对虽然具备开发利用条件，但经济社会发展水平相对较低，暂无开发利用需求的岸线，划为保留区。三峡库区秭归县泄滩乡段水生态空间划分卫星影像图如图 4-2-5 所示。

2. 保留区的管控要求

因防洪安全、河势稳定、供水安全、航道稳定及经济社会发展需要必须建设的防洪护岸、河道治理、取水、航道整治、公共管理、生态环境治理、国家重要基础设施等工程，须经充分论证并严格按照法律法规要求履行相关许可程序。

自然保护区实验区内划定的岸线保留区不得建设污染环境、破坏资源的生产设施，建设其他项目，其污染物排放不得超过国家和地方规定的污染物排放标准；水产种质资源保护区实验区内的岸线保留区禁止围垦和建设排污口；湿地公园等生态敏感区内的岸线保留区禁止建设影响其保护目标的项目。

为满足生活生态开发需要划定的保留区，除建设生态公园、江滩风光带等项目外，不得建设其他生产设施。

暂无开发利用需求划定的保留区，因经济社会发展确需开发利用的，

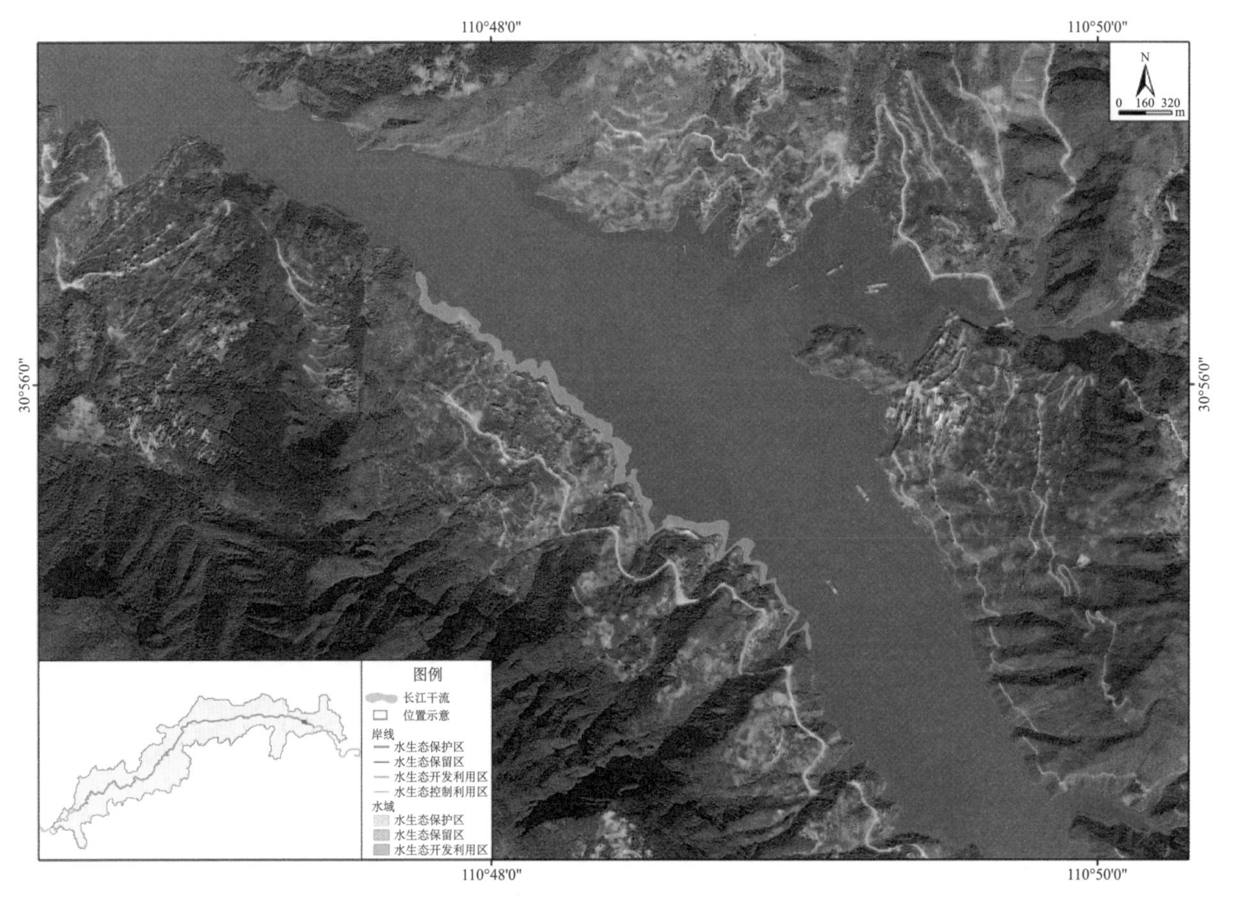

图 4-2-4　三峡库区秭归县屈原镇段水生态空间划分卫星影像图

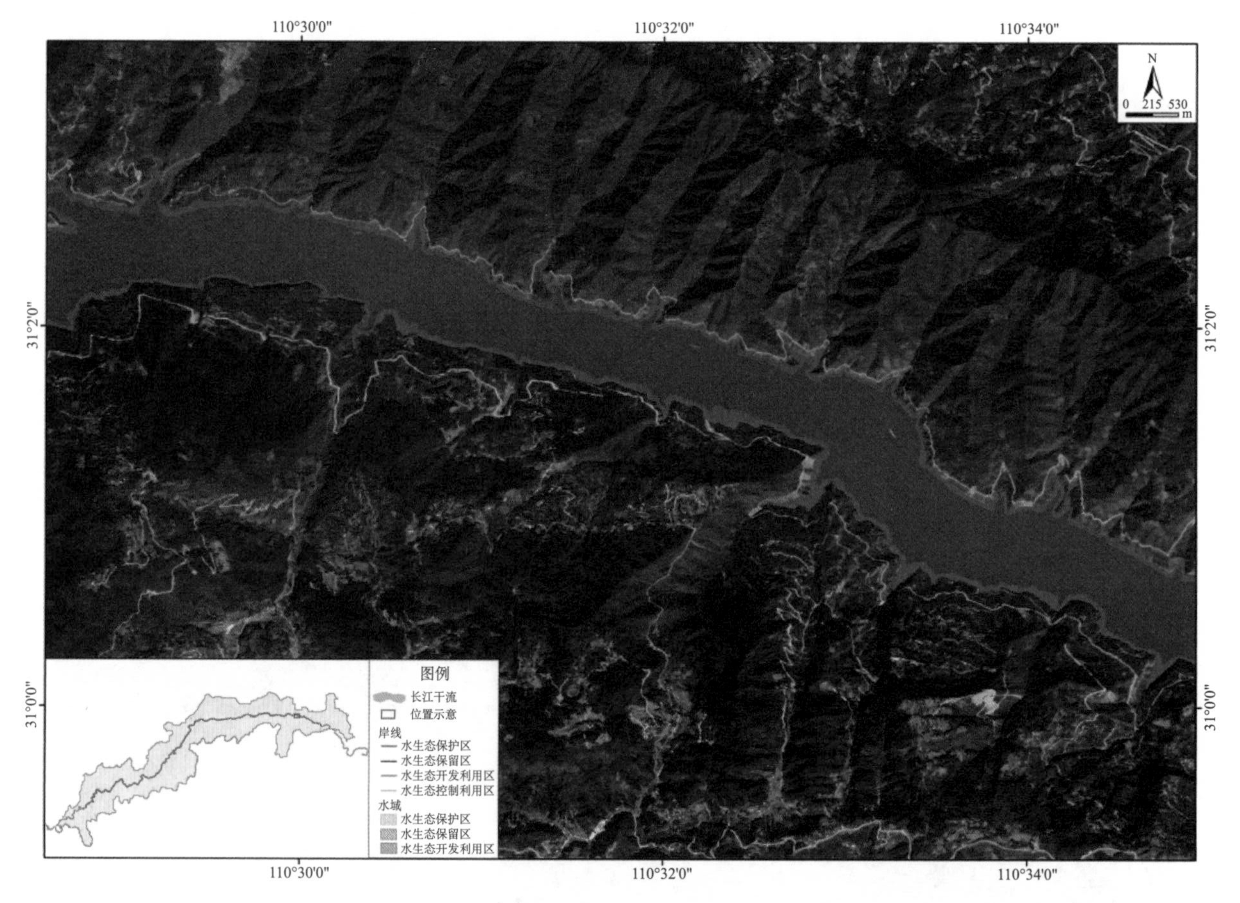

图 4-2-5　三峡库区秭归县泄滩乡段水生态空间划分卫星影像图

经充分论证并按照法律法规要求履行相关手续后，可参照开发利用区或控制利用区管理。

（三）控制利用区划分及管控要求

1. 控制利用区划分

三峡库区水生态空间控制利用区划分包括以下 2 类情况。

1）需控制开发利用强度划定的控制利用区。

岸线开发利用程度相对较高的岸线，为避免进一步开发可能对河势稳定、供水安全、航道稳定等带来不利影响，需要控制其开发利用强度，划为控制利用区，三峡库区巴东县城区段水生态空间划分卫星影像图如图 4-2-6 所示。

2）需控制开发利用方式划定的控制利用区。

水土流失严重区，需控制开发利用方式的岸段，划为岸线控制利用区，三峡库区巫山县城区段水生态空间划分卫星影像图如图 4-2-7 所示。

2. 控制利用区的管控要求

控制利用区管理重点是严格控制建设项目类型，或控制其开发利用强度。

重要险工险段、重要涉水工程及设施、河势变化敏感区、地质灾害易发区、水土流失严重区所在岸段的岸线控制利用区，应禁止建设可能影响防洪安全、河势稳定、设施安全、岸坡稳定以及加重水土流失的项目。

对需控制开发利用强度划定的岸线控制利用区，应按照国土、城市、水利、交通等相关规划，合理控制整体开发规模和强度，新建和改扩建项目必须严格论证，不得加大对防洪安全、河势稳定、供水安全、航道稳定的不利影响。

重庆市、湖北省政府应严格按照有关法律法规的规定，对岸线控制利用区内违法违规建设项目进行清退；对岸线开发利用程度较高岸段的已建项目进行整合；对防洪安全、河势稳定、供水安全、航道稳定有较大不利

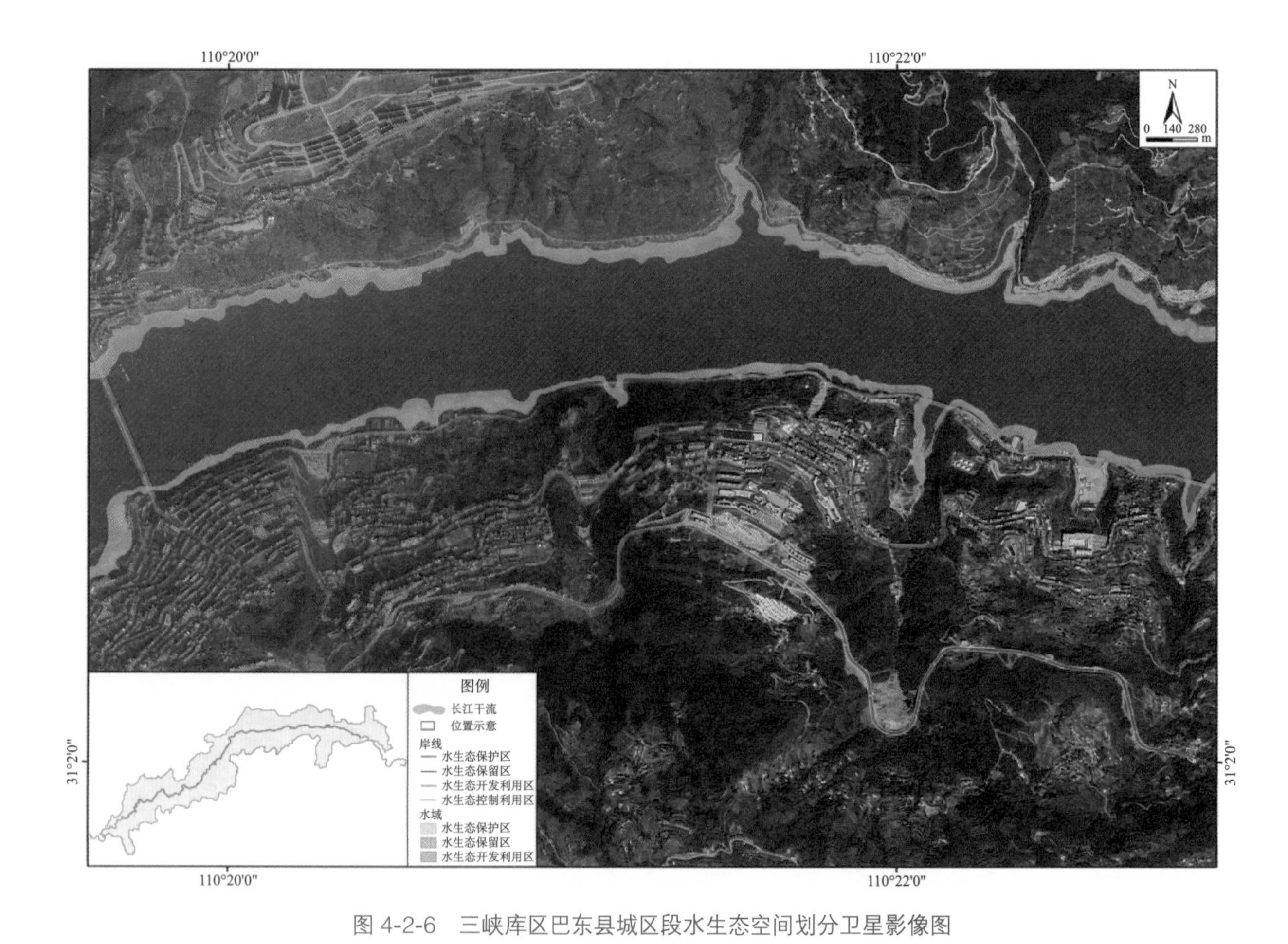

图 4-2-6　三峡库区巴东县城区段水生态空间划分卫星影像图

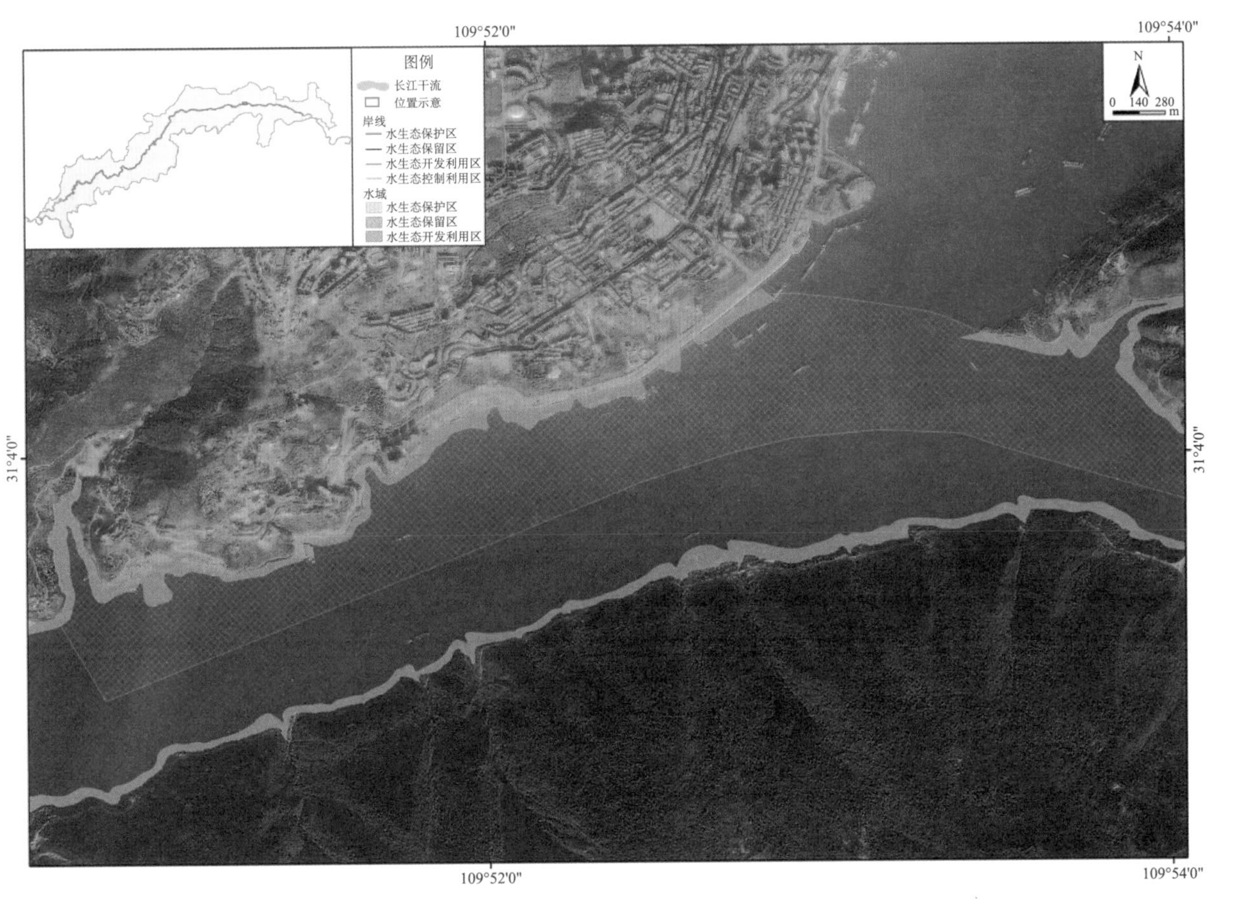

图 4-2-7　三峡库区巫山县城区段水生态空间划分卫星影像图

影响的已建项目进行整改、拆除或搬迁。

（四）开发利用区划分及管控

1. 开发利用区划分

开发利用对防洪安全、河势稳定、供水安全以及生态环境影响较小的岸线、水域，划为岸线开发利用区。如图 4-2-8 和图 4-2-9 所示，三峡库区大渡口区、巴南区段和丰都县城区段水生态空间划分为开发利用区。

2. 开发利用区的管控要求

开发利用区管理，应符合依法批准的城镇体系规划和城市总体规划，须统筹协调与流域综合规划，防洪规划，取水口、排污口及应急水源地布局规划，航运发展规划，港口规划等相关规划的关系，充分考虑与附近已有涉水工程间的相互影响，合理布局，充分发挥岸线资源的综合效益，并满足城镇生活、工农业生产、渔业、娱乐等功能需求。

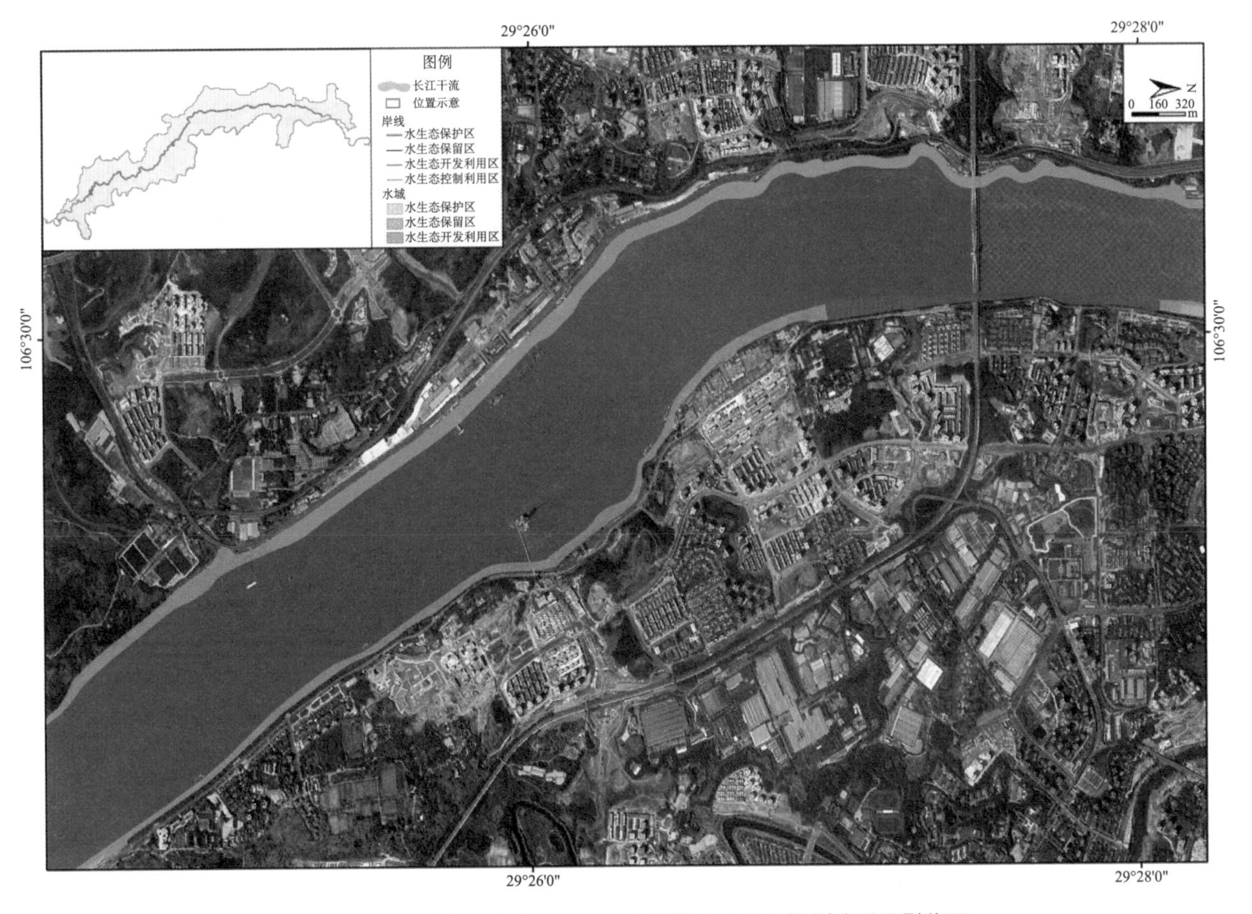

图 4-2-8　三峡库区大渡口区、巴南区段水生态空间划分卫星影像图

图 4-2-9　三峡库区丰都县城区段水生态空间划分卫星影像图

第五章

三峡库区水生态空间管控制度设计

在三峡库区水生态空间划分的基础上，以支撑和保障库区水生态空间管控的实际需求为根本出发点，以现有法律法规和管理现状为基础，借鉴生态红线、丹江口水流产权确权试点管控经验，构建三峡工程水生态空间管控指标体系，探索构建三峡库区管控制度，重点对库区分区管控制度、自然保护地制度、生态补偿制度以及贯彻落实河湖长制等重点管控制度进行分析。

第一节　三峡库区水生态空间管控框架

一、管控需求分析

根据《自然生态空间用途管制办法（试行）》(国土资发〔2017〕33 号)，从国土空间和生态空间用途管制的要求出发，三峡水库水生态空间管控即在用途管控目标下，组织并利用人、财、物、信息和时空等各要素，运用一系列管理手段和调控措施，将三峡库区内与水有关的各类经济社会活动限定在管控范围内，确保各类受保护的水生态空间面积不减少，生态系统功能不降低，与水有关的生态系统服务保障能力逐渐提高的过程。基于以上目标，以问题为导向，本节从水域空间管控和消落区岸线空间管控两个方面来分析三峡水库水生态空间管控需求。

（一）水域空间管控需求

一是水资源保护需求。三峡水库蓄水后农业面源的营养物质大量进入水体，相关研究表明，农业面源污染是三峡水库营养物质的主要来源，对水质造成一定的影响，切实控制好面源污染是当前较为紧迫的需求。

二是下游的补水需求。长江在枯水期来水较少，一般沿江取水设施的取水保证率均很高，为保证枯水期取水，需结合三峡水库的综合利用任务，下游生态用水需求等方面统筹协调，合理使用调节库容。

三是水生态保护需求。三峡库区河段由原有的水流湍急、生境多样的河网水系结构演变成湖河的复合水系结构，形成类似湖泊的缓流或静水水库，流水河段明显萎缩，坝前水域流速放缓更加明显，近坝支流汇入口附近流速普遍下降，形成开阔、平缓的静水库湾，生物栖息地发生改变，需在生态功能重要和生境敏感脆弱区域实施严格的保护管理。

（二）岸线空间（含消落区）管控需求

三峡水库所形成的消落区是我国最大的人工湿地，与其他大型水库消落区、自然湿地相比，有显著不同，主要表现在：水位落差大（30m），淹水时间长；逆自然洪枯变化，冬水夏陆；面积大，分布区域广且周边城镇密集，生态系统频受干扰。因此，三峡水库消落区的管理不仅需要协调自然资源、生态环境、水利、林草等多个部门，同时还要兼顾流域机构、工程管理单位、地方发展多方利益，具有特殊性和复杂性，还存在一些需要进一步理顺的关系和解决的问题。

一是管理范围需要进一步明确。三峡水库的实际征地范围为175m，而库区多数区县已将175～182m划为河道管理范围，但在实际管理过程中，

182m的迁建线并未得到执行。二是管理法律支撑不够。三峡水库管理运行涉及部门众多，对于作物种植等内容的管理，缺乏强制性、明确性的规定。《长江保护法》《河道管理条例》《长江三峡工程建设移民条例》《重庆市三峡水库消落区管理暂行办法》在消落区管理主体、管理内容及对象方面存在不一致的情况。三是管理机制不顺畅。中央、流域管理机构、地方以及部门之间在一定程度上存在工作衔接不顺畅的问题。基层管护任务繁重，缺乏专门的管理人员和相关资金投入。四是三峡库区岸线资源单一利用多，综合利用少，码头布点分散，长线短用，深水浅用，岸线资源没有得到充分利用。利用结构不合理且缺乏统一有效的管理。库区岸线利用与管理缺乏细化规范的制度和规划支撑。

二、管控要素分析

1. 管控主体

一是主管部门权责确定，根据相关法律法规确定的水域、岸线、消落区管理权限来实施。二是相关部门权责确定。明晰权责后，需要建立相应的协调机制，保障水生态空间相关管控制度的实施。

2. 管控目标

一是确定合适的管理目标，如保护库区水生态系统并非保护河流中所有的生物，而是通过对其关键物种的保护去实现生态稳定。二是鉴别目标相关的条件，如消落带管控季节性需求和水库调峰引发的需求变化等。三是管理目标应该包括“可接受”的理念，即要充分考虑到资源水平恢复和提高的可能。四是考虑管控目标的时间变化性。

3. 管控对象

一是要明晰利益相关者，包括地方政府、工程管理单位、流域机构等。二是河湖生态系统，客观认识河流管理及开发利用对河流生态价值具有潜在影响，特别是敏感生态系统，如河口、湿地、水源地、河流廊道等。

4. 管控措施

一是确定合理的可操作的管控指标，包括水量、水质、水位、岸线利用过程指标等。二是综合采取法制、体制、机制等手段，依靠落实责任、失责必问、问责必严，推动三峡水生态空间管控落地生效。三是适时开展跟踪评估，评估是否达到了预先确定的目标。根据评估结果，进行适时调整。

三、管控步骤分析

1. 基本前提

应当承认河流管理及开发利用对河流生态价值具有潜在影响。

2. 确定权属关系

根据现有法律法规以及三峡水生态空间开发利用现状，确定三峡水生态空间水域、岸线、消落带与利用相关者的权属关系。

3. 开展风险评估

分析当前三峡水生态空间管控中存在的主要问题，评估风险，明确管理目标。一是分析水环境质量风险及影响因素，水量水流季节性变化风险等。二是岸线利用现状风险与现有措施的有效性等。

4. 制定管控措施（计划等）

管控措施包括分区分类、需求管理、实时监测、生态调度、预警机制、生态修复与补偿、评估考核等。

5. 保障措施

保障措施包括法律法规支持、标准规范制定、责任追究、公众监督等。

三峡水库水生态空间管控需求推演如图 5-1-1 所示。

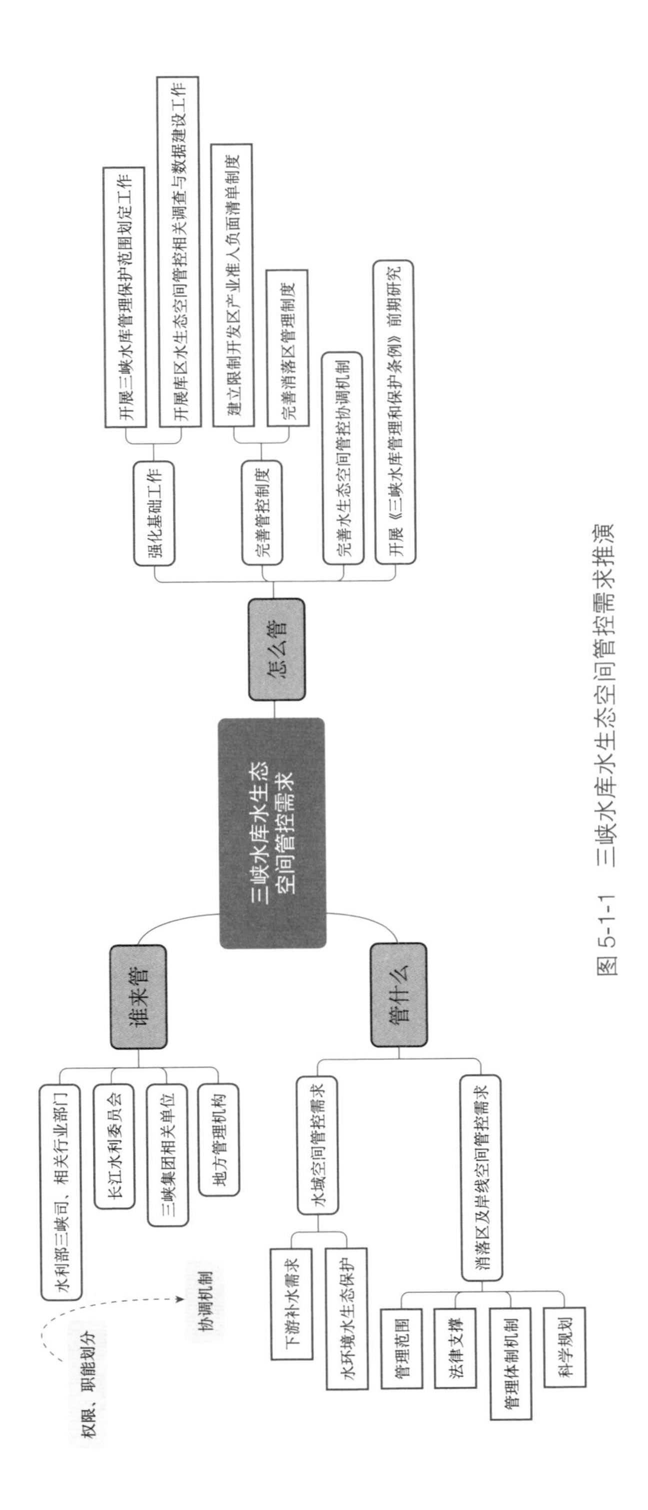

图 5-1-1 三峡水库水生态空间管控需求推演

四、管控思路

（一）指导思想

全面贯彻习近平生态文明思想和治水重要论述精神，积极践行“节水优先、空间均衡、系统治理、两手发力”治水方针，以三峡工程效益发挥和三峡库区经济社会可持续发展为目标，以三峡工程水生态空间管控需求分析为基础，科学确定管控指标体系，建立完善相关水生态空间管控制度，加快建立目标合理、责任明确、监管到位、保障有力的三峡工程水生态空间管控保障体系，解决当前三峡工程水生态空间管控中的交叉问题、缺位问题等，为三峡工程效益发挥与资源管理保护提供基础。

（二）管控原则

三峡工程水生态空间管控应坚持以下主要原则。

1. 生态优先，绿色发展

尊重自然、顺应自然、保护自然，坚持“绿水青山就是金山银山”的基本理念，正确处理好河库管理保护与开发利用的关系。强化规划约束，严格环境准入管理，严格各类管控措施。促进三峡水库休养生息、维护库区生态功能，促进经济社会发展与水资源水环境承载能力协调。

2. 强化底线，严格约束

建立水资源水环境和水生态保护红线管控指标体系，将与水有关的各类经济社会活动限定在管控范围内，强化水资源水环境水生态硬约束。以改善水环境质量为核心，落实强化水功能区限制纳污红线管理，提升库区水环境质量。划定禁止开发的岸线、河段，实施更严格的管理要求。

3. 确保功能，分级管控

切实考虑供水安全、生态与环境安全等保障社会公共安全方面需求，构筑三峡生态屏障，加强水源涵养、水土保持、水域岸线、生物多样性维护等水生态空间管制，保障重要生态功能区面积不减少，功能不降低，退化的水生态系统得到保护和修复。针对水生态空间用途管控分类及资源环境生态各要素，制定差别化的保护策略与管控要求，实施精准治理。

4. 问题导向，系统保护

以水资源、水环境、水生态方面的突出问题为导向，将消落区、自然保护地等生态敏感区作为强化治理和修复的重点；统筹协调河库上下游、左右岸、干支流，兼顾地表地下、城市乡村，切实维护库区健康、保障水安全、促进区域经济社会可持续发展。

5. 依法合规，强化考核

依法治水管水，完善三峡工程水生态空间管控制度体系，实现水生态空间管控的法制化、规范化和标准化。开展目标管理考核与责任追究，健全水资源水环境承载能力监测评价与预警机制，严格生态空间损害责任追究。

（三）管控目标

三峡工程水生态空间管控是以水域、岸线等水生态空间为保护和修复对象，以水资源水环境和水生态承载能力为依据，对三峡工程水生态空间采取的分类管控措施，包括管控分区、管控指标、用途管制、利用管控、水环境质量管控以及综合管控能力建设等。用 3 ～ 5 年的时间，划定完成三峡水库水生态空间管控范围，研究确定管控指标体系及阈值，建立协作机制，初步建立三峡工程水生态空间监管体系，三峡工程水生态空间管控进一步落实，实现共同管控，促进三峡工程与周边区域经济社会协调可持续发展。在更长一段时间内，基本建立三峡工程水生态空间管控制度体系，实现精准施策管控，有效落实水生态空间管控措施，使库区生态环境实现显著良性改善，三峡工程效益得到充分发挥，周边区域经济环境得到高质量发展。

第二节　主要管控指标

结合三峡工程水生态空间管控需求，以现有法律法规和管理现状为基础，借鉴生态红线、丹江口水流产权确权试点管控经验，构建三峡工程水生态空间管控指标体系。

一、指标体系构建原则

一是内涵明晰，依据充分。所选择的指标要有明确的科学内涵，概念清晰，能客观反映与之相关的管控措施对国土空间利用和水生态空间保护的影响；同时指标设置应遵循国家现行的法律法规、行业相关规定及新时期生态文明建设相关要求；要紧紧围绕国务院已颁布的“三条红线”管理制度、《关于划定并严守生态保护红线的若干意见》的要求，选定指标内容。

二是功能导向，利于评价。与水生态空间管控相关的指标很多，应该围绕水生态空间管控的功能需求，尽量选用能代表或反映区域水生态功能各方面特征的要素指标。所选指标以定量指标为主，定性指标为辅，能够通过对管控指标定量与定性相结合的分析，判断评价区域水生态空间管控的基本状况、发展趋势，并对水的生态功能和服务功能目标做出评价。

三是分类分级，便于考核。水生态空间管控的范围有大小之分，涉及水资源、水环境和水生态保护区域的各个方面，不同区域管控的类别、严格程度也有较大差异，选取的指标须落实到具体水生态空间管控对象。应根据水生态空间的功能分区和管控措施对水生态空间各功能的影响层次，对设定的管控指标进行分类分级，提出差别化管控指标要求，便于在实际操作中制定目标，有利于落实管控措施，方便进行考核；同时，要基于现有成熟或易于接受的方法，从约束性和指导性两个方面制定相对严谨的评估考核标准。

四是监控方便，易于操作。要结合已开展的相关基础工作选取易于获取、方便使用的指标；所需指标数据可在现有监测统计成果基础上进行收集整理，或采用合理补充监测手段获取。指标监测具有可获得性、及时性、连续性、公认性，可以基本判断其变化驱动成因和变化结果。

二、指标选取及分类

水生态空间的管控指标要具有时效性和可操作性，因此在建立指标体系构架时，要充分考虑经济社会发展水平、指标监测与管控水平，充分体现水资源、水环境、水生态和管控能力的特点、目标需求和指标考核需求。结合三峡工程水生态空间管控现状和主要问题分析，指标体系构架可分为要素层、目标层和指标层。其中要素层包括水资源、水环境、水生态和管控能力，目标层包括水资源开发利用控制、水环境质量改善、水生态空间优化、水生态功能维护、监测预警能力、管控制度体系等。针对水资源、水环境、水生态和管控能力 4 个要素层和相应的目标层，进行具体管控指标的分析和筛选，建立 17 项管控指标。

（一）水资源

严格要求三峡库区周边城镇取用水总量和强度，在加强经济社会用水总量控制的同时，保证库区航运功能。主要指标包括用水总量、洪水调蓄能力、通航保证率等。

（二）水环境

结合水功能区限制纳污红线及水污染防治行动计划要求，水环境质量改善指标可采用水功能区水质达标率、饮用水水源地水质达标率、重要支流库湾水体富营养化程度等作为控制指标。

（三）水生态

为促进江河湖泊休养生息，在河湖生态用水得到保障和水环境质量实现达标的前提下，进一步从水生态空间优化和水生态系统功能维护两个方面提出管控指标。水生态空间优化方面，提出生境保护与修复状况、自然岸线保有率、滑坡崩岸治理率等指标。水生态系统功能维护主要是结合水生态空间存在的问题，提出鱼类保有指数、水生植物群落多样性状况等指标，以指导水生态保护与修复工作的开展。

（四）管控能力

水生态空间的管控能力既体现在监测、监控、预警等非工程措施建设的覆盖程度上，也体现在水生态空间管控制度是否完善上。针对我国水资源水生态监测、监控能力薄弱问题，提高水量、水质、水生态等监测、监控、预警的覆盖范围，以有效增强对水生态空间的管控能力，建立水生态空间管控的长效机制。主要指标包括水生态保护监测体系建设情况、水域岸线管控制度、河长制等河湖保护与管理制度、水生态空间监督考核与责任追究制度等。

综上所述，三峡库区水生态空间管控指标见表 5-2-1。

表 5-2-1　三峡库区水生态空间管控指标

序号	要素层	目标层	主要管控指标
1	水资源	水资源利用保障	通航保证率
2		生态用水保障	环境敏感区生态用水保障率
3	水环境	水环境质量改善	水质达标情况
4			重要支流库湾水体富营养化程度
5		限制排污总量控制	氨氮限制排污总量
6			农药化肥施用量
7	水生态	水生态功能维护	河岸带稳定性
8			水土流失面积

续表

序号	要素层	目标层	主要管控指标
9	水生态	水生态功能维护	珍稀鱼类保有指数
10			水产种质资源保护区鱼类种类
11	管控能力	规划与监测预警	水生态保护监测体系建设情况
12			生态岸线比例
13			消落区岸线分区分类
14		管控制度体系	水域岸线管控制度
15			监督考核与责任追究制度
16			产业准入负面清单制度
17			消落区管理部门协调机制

第三节　水生态空间管控制度体系

本节研究设计三峡库区水生态空间管控制度体系，深入分析水生态空间管控重点制度。

一、管控制度体系设计

三峡库区水生态空间管控制度设计，是在生态文明体制改革的总体框架下，基于国土空间管控的新形势新要求，充分衔接现有管控制度基础，以解决管控中存在的交叉问题、缺位问题为导向，以水域、岸线（含消落区）及其他生态环境敏感区为管控重点，建立完善管控制度体系，防止水域岸线被侵占，维护库区健康稳定、水生态系统良性循环，保障三峡工程效益充分发挥。

（一）基本原则

一是坚持生态优先、绿色发展。贯彻落实尊重自然、顺应自然、保护自然以及“绿水青山就是金山银山”的理念，正确处理好河库管理保护与开发利用的关系，在水资源利用、水环境治理、水生态保护修复等方面，明晰权责，构建起源头严防、过程严管、后果严惩的管控制度体系，强化水资源水环境水生态红线约束，扭转生态环境保护向经济发展和建设项目让步的格局，构建水生态补偿、利益分享机制，探索建立促进绿色发展的制度体系。

二是坚持规划约束、衔接融合。强化规划约束，完善相关水资源、岸线规划，理顺与自然资源、生态环境、农业农村、林草、交通运输等多部门空间管控需求的相互制约关系，预留与各部门空间管控协调衔接的接口，衔接与空间规划中其他行业的关系，为水利融入“多规合一”提供支撑和保障。

三是坚持系统治理、联防联控。牢固树立山水林田湖草是一个生命共同体的系统思维，从系统治理的角度入手，统筹考虑水资源、水环境与水生态，加强水源涵养、水土保持、水域岸线、生物多样性维护，保障重要生态功能区面积不减少，功能不降低，退化的水生态系统得到保护和修复。建立健全上、中、下游合作、部门合作的协调机制，实现三峡库区的统一规划、统一监测、统一执法，建立库区生态环境保护修复制度体系，形成“共抓大保护”格局。

四是坚持问题导向、差别管控。围绕水生态空间管控的实际需求，以水资源、水环境、水生态等方面的突出问题为导向，将水域、岸线（含消落区）及生态环境敏感区作为管控重点，分区分类实施差别化的管控要求与保护策略。

（二）主要制度框架

以水域、岸线（含消落区）、其他生态环境敏感区管控为重点，充分发挥河湖长制平台作用，落实水资源消耗上线、水环境质量底线、水生态保护红线，从规划、用途管制、监测预警、环境准入等方面，建立完善库区水生态空间管控制度体系。

一是严格执行水域、岸线（含消落区）、其他生态环境敏感区现有管控制度。我国现行有关水域、岸线（含消落区）、其他生态环境敏感区的管控制度，主要包括用水总量控制制度、重点水污染物总量控制制度、水功能区划制度、水环境质量监测和水污染排放监测制度、水资源论证制度、建设项目水环境准入制度、区域限批制度、岸线规划制度、岸线分区管控制度、涉河建设项目审批制度、生态环境敏感区分区管控制度等。库区水生态空间管控，应当按照上述现有管控制度要求，做好贯彻落实和执行工作。

二是根据生态文明体制改革和国土空间管控最新要求，健全完善水域、岸线（含消落区）、其他生态环境敏感区相关管控制度。库区水生态空间管控需要进一步健全完善的管控制度，包括在水资源刚性约束制度指导下，建立健全生态流量（水位）管控制度、水资源管控分区监测预警制度、水资源超载区取水许可限批制度；建立完善岸线（消落区）分区管控监测制度，建立库区水环境准入制度、库区产业准入负面清单制度；建立以国家公园为主体的自然保护地制度，健全库区绿色发展机制和生态环境敏感区生态补偿制度。

三是充分发挥河湖长制统筹协调作用。将库区水生态空间管控面临的重大问题、重要事项、重点任务、疑难复杂问题等纳入库区所在地的省、市、县、乡各级党政河湖长工作职责，借助河湖长制平台建立的联席会议、联合执法、信息共享机制优势，推进库区河湖水域岸线空间管控任务落实落地；将库区水生态空间管控的成效纳入河湖长制考核监督体系，强化监督检查与考核问责激励，督促各级河湖长及相关主管部门履职尽责。

三峡库区水生态空间管控制度体系框架如图 5-3-1 所示。

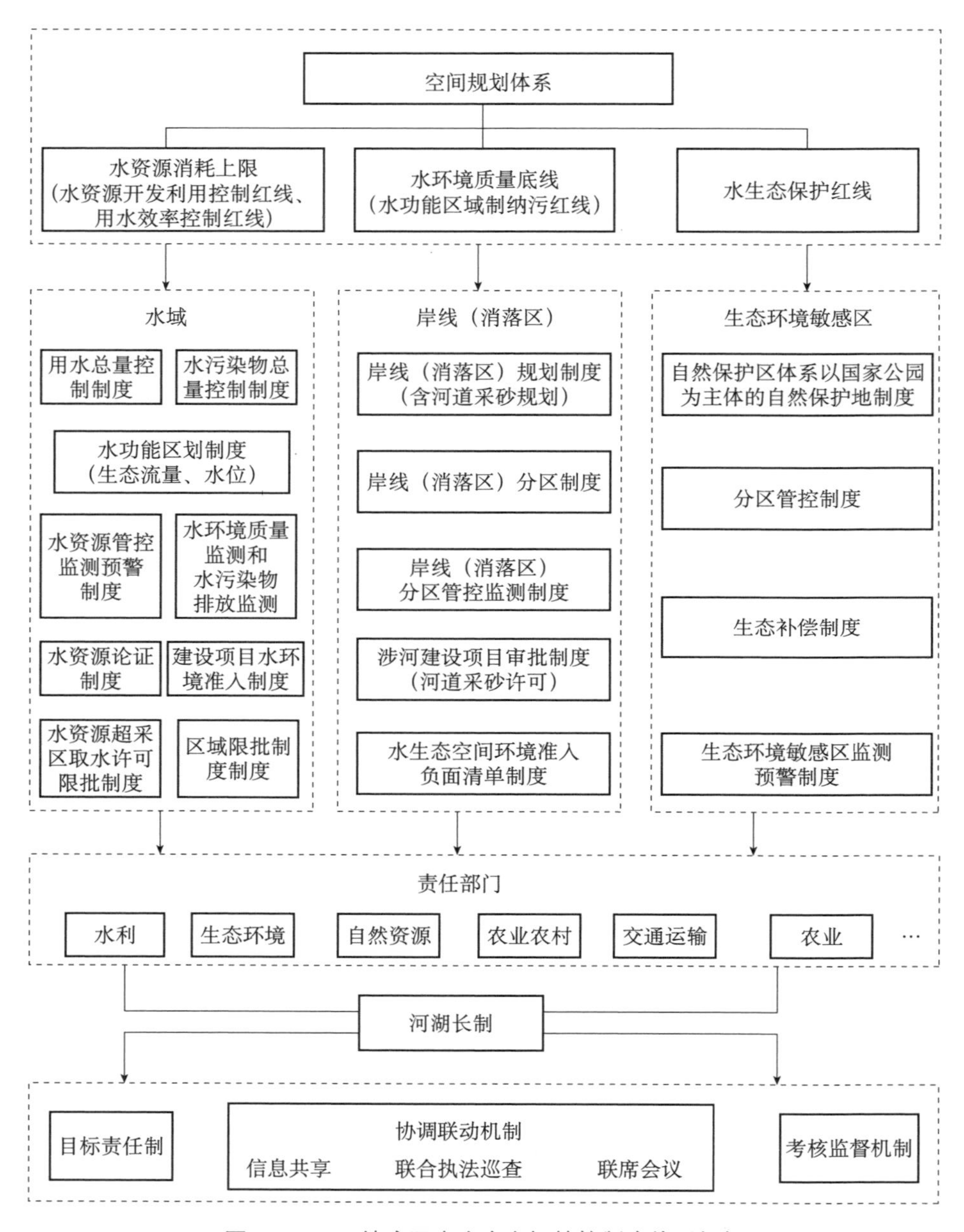

图 5-3-1 三峡库区水生态空间管控制度体系框架

二、管控重点制度分析

基于现有管控制度，结合管控要求，重点对库区分区管控制度、自然保护地制度、生态补偿制度以及贯彻落实河湖长制等重点管控制度进行分析。

（一）建立库区水生态空间分区管控制度

建立库区水生态空间分区管控制度是落实自然资源用途管制相关要求的具体体现。目前，有关水域、岸线（消落区）及生态环境敏感区 3 类空间，已经实行了分区管控制度，未来管控的重点是统筹调整以上 3 类空间的功能分区，统一划分为保护区、保留区、限制利用区和开发利用区 4 类区域，衔接现有水功能分区、岸线分区与生态环境敏感区分区。针对不同分区，制定差异化的管控政策和措施，实现分类管理。

特别是针对库区消落区管理的薄弱点，充分借鉴重庆市、湖北省地方管控实践经验，建立完善消落区分区管控制度。综合考虑消落区地理位置、地形地貌以及人类活动影响等因素，划分生态保护区、生态保留区、生态修复区和重点整治区。将重要湿地、动植物主要栖息地、饮用水源保护地周边消落区作为生态保护区，减少和避免人类活动干扰；将孤岛、山高坡陡、岩石裸露、人烟稀少的消落区作为生态保护区，以保留自然状态的方式进行保护（重大地质灾害隐患治理除外）；将城集镇、重要旅游风景区和人口密集的农村居民点周边消落区作为生态修复区，根据不同区域环境状况和水文特征，构建乔灌草相结合的生态系统，保护生物多样性，增强降解污染、净化水质、涵养水源、改善景观等功能；将库岸稳定性差、影响交通通行、房屋居住安全，以及城集镇或人口密集的农村居民点周边消落区作为重点整治区，以生物措施与工程措施相结合，开展综合整治，保障人民群众生命财产和库周基础设施安全，改善生态环境。

（二）建立以国家公园为主体的自然保护地制度

贯彻落实中办、国办印发实施的《关于建立以国家公园为主体的自然保护地体系的指导意见》，统筹整合现有三峡库区内生态环境敏感区域，建立以国家公园为主体的自然保护地体系。以保持生态系统完整性为原则，遵从保护面积不减少、保护强度不降低、保护性质不改变的总体要求，整合库区内现有的各类自然保护地，解决保护区区域交叉、空间重叠的问题，将符合条件的优先整合设立国家公园，其他各类保护地按照同级别保护强度优先、不同级别低级别服从高级别的原则进行整合，做到一个保护地、一套机构、一块牌子。对同一自然地理单元内相邻、相连的各类自然保护地，打破因行政区划、资源分类造成的条块割裂局面，按照自然生态系统完整、物种栖息地连通、保护管理统一的原则进行合并重组。建立统一规范高效的管理体制，实行全过程统一管理，建立统一调查监测体系。

（三）建立库区水生态空间环境准入负面清单制度

按照党中央、国务院关于长江经济带“共抓大保护、不搞大开发”的决策部署，应当优化沿江产业空间布局，制定严格的产业准入门槛，结合供给侧改革，坚决淘汰、限制、化解一批低效、高耗、重污染的产能。三峡库区，作为长江上游重点生态保护区，应当实施更为严格的管控制度，制定水生态空间内禁止准入及限制准入的行业清单、工艺清单、产品清单等环境负面清单。依据分区管控要求，将化工、造纸、电镀、水泥、印染、有色金属等重点行业纳入市场准入禁止或限制清单。提高三峡水库上游区域城乡污水垃圾收集处理能力和农业面源污染治理水平，降低三峡水库污染负荷。完善船舶、港口、码头等污染物收集、转运、处置设施建设，加强临江危化物品收储转运安全管理。

（四）建立健全库区生态保护补偿制度

三峡库区是长江上游“绿色屏障”的重要组成部分，对长江中下游乃至整个长江流域的生态安全具有重要意义。2008年颁布的《全国生态功能区划》和2010年颁布的《全国主体功能区规划》中，库区部分区域被划定为全国重要生态功能区以及限制开发区域（农产品主产区、重点生态功能区）、禁止开发区域（长江上游珍稀特有鱼类国家级自然保护区、长江三峡风景名胜区、长江三峡国家地质公园）。贯彻落实中办、国办《关于深化生态保护补偿制度改革的意见》要求，应当建立健全库区生态保护补偿制度，构建生态保护的多元化激励机制。按照“谁受益谁补偿”的原则，探索上、中、下游开发地区、受益地区与生态保护地区横向生态补偿机制，库区下游生态受益地区应采取资金补助、定向援助、对口支援等多种形式，对重点生态功能区由于加强生态环境保护造成的利益损失进行补偿，形成可持续的跨区域生态补偿机制；积极探索建立生态产品交易的市场化机制，推进水权、碳排放权、排污权交易，推行环境污染第三方治理。同时，还要完善库区环境污染联防联控机制和预警应急体系，鼓励和支持渝、鄂、川等省市共同设立水环境保护治理基金，加大对环境突出问题的联合治理力度。

（五）建立库区水生态空间管控目标责任和考核评价机制

根据中办、国办印发实施的《关于全面推行河长制的意见》规定，“严格河湖水域岸线等水生态空间管控、强化水环境质量目标管理、推进河湖生态修复和保护”等属于河长制主要任务中的重要内容，这些任务也正是三峡库区水生态空间管控的主要任务和措施，因此，应当充分发挥河湖长制作用，将库区水生态空间管控各项指标、预期目标、任务措施等纳入重庆、湖北2省（直辖市）的省、市、县、乡级河湖长的主要职责范围，层层分解、细化、落实，并且将管控目标实现情况、管控措施落实情况等纳入各级河湖长履职考核评价的重要内容，作为地方党政领导干部综合考核评价及自然资源资产离任审计的重要参考。对库区水生态空间管控工作成效突出的地区，对相应河湖长给予通报表扬，并给予适当的物质奖励；对库区水生态空间管控工作明显滞后、管控任务措施落实不力的地区，对相应河湖长给予通报批评，情节较重的可以进行约谈，并提出限期整改要求；对库区水生态空间管控工作严重不力、责任事件多发地区的总河长和相关河湖长，按照《党政领导干部生态环境损害责任追究办法（试行）》等规定，进行责任追究。

（六）建立库区水生态空间管控协调机制

借助重庆市、湖北省两地河湖长制平台，探索建立有效的协调机制，强化区域间、部门间的信息共享和协调联动，共同处理库区水生态空间管控中遇到的难点、重点问题。应着力从以下几个方面实现部门间、区域间生态空间管控协同：

一是探索建立重庆与湖北省级河湖长联席会议机制，从流域层面分析研讨库区经济社会发展、水生态空间管控等问题对策，加强区域间共建合作与联防联控，推动流域生态保护和高质量发展。

二是健全完善部门联席会议机制，发挥省、市、县级河湖长的组织领导和统筹协调作用，加强库区水利、生态环境、自然资源、林草、农业农村、交通、规划、住建、发展改革、财政等行政主管部门与长江委、三峡集团之间的协作配合，协同推进库区的水生态空间管控工作。

三是健全完善水利、生态环境、自然资源部门与公安、检察、法院等部门之间的联合执法和监督巡查机制，推动水利、生态环境、自然资源行政执法与刑事司法有效衔接，形成河湖水域岸线管控的合力。四是健全完善水利、生态环境、自然资源、规划、林草、农业农村等部门生态空间管控信息共享机制，依托“智慧河长”等河湖长制信息系统，建立库区水生态空间管控数据库，整合库区卫星遥感、土地利用、岸线利用、水环境质量监测等数据。

（七）健全生态环境空间数据信息共享制度

开展三峡水库消落区土地利用现状（包括高程、坡度、地类、面积等）、岸线利用情况（包括分布位置、设施类别、占用岸线长度等）矢量化的成果图层和相关分析数据等基础资料的收集与整理工作，构建水生态空间监管数据库，依托河湖长制信息平台，建立发展改革、生态环境、国土、规划、水利、林业、农业、城管等部门生态环境空间管控信息共享制度。

（八）建立库区发展绿色发展评估机制

库区经济具有不同于一般区域经济的特点，包括以水域范围为界限、涉及多个管理主体、承担功能多样化等；绿色发展是库区可持续发展的必然选择。三峡库区既是我国乃至全世界最大的水库淹没区，也是长江上游重点生态保护区，面临着资源开发与生态环保的矛盾、生态脆弱与贫困落后的矛盾、不同管理主体之间的利益冲突以及资源的综合开发与整治、移民可持续性生计等一系列难题。在库区发展中，要加大绿色产业政策扶持，加强科技创新为绿色发展提供技术支撑，完善绿色发展绩效评价考核和责任追究制度，以及大力推动绿色发展制度保障。

第六章 对策建议

本章基于前文研究基础，从强化库区水生态空间管控基础工作和建立健全水生态空间管控机制两个方面，研究提出强化三峡库区水生态空间管控的对策建议。

第一节 强化三峡库区水生态空间管控基础工作

完成三峡水库管理和保护范围划定工作，构建水生态空间监管数据库。将《长江岸线保护和开发利用总体规划》确立的规划约束、分区管控等制度和要求吸收入法。编制三峡水库水生态空间管控规划，与城乡规划、国土规划、区域空间生态环境影响评价有机衔接。

一、尽快完成三峡水库管理和保护范围划定工作

开展三峡水库管理范围划定既是落实相关法律法规规章要求，也是切实强化三峡水库管理保护的重要基础工作，是规范三峡水库运行管理、确保水库安全和效益充分发挥的重要抓手。在划界过程中，要准确掌握三峡水库特点、管理现状和历史遗留问题，统筹考虑生态红线划定情况，详细

了解相关各方利益诉求和制约划定工作进度的关键因素，坚持问题导向，做好顶层设计，明确责任分工，制定操作细则，明确相关技术要求。同时，在划定管理范围的基础上，进一步明确管理要求，细化违法违规行为的边界与约束条件，对于三峡水库管理保护范围内一些历史遗留问题或者特殊情况，要逐类逐项调查了解，细化相关政策要求。

二、开展三峡库区水生态空间数据建设工作

开展三峡水库消落区土地利用现状（包括高程、坡度、地类、面积等）、岸线利用情况（包括分布位置、设施类别、占用岸线长度等）矢量化的成果图层和相关分析数据等基础资料的收集与整理工作，建设数据共享平台，构建水生态空间监管数据库，划定水域、岸线等水生态空间范围，明确地理坐标，为水域、岸线保护和利用的统筹协调提供技术支撑，并具备支持开展相关的水政监察、水资源管理、确权管理、档案管理等业务管理工作的能力。

三、完善三峡库区管理和保护相关法律法规

修订完善《河道管理条例》，将《长江岸线保护和开发利用总体规划》确立的规划约束、分区管控等制度和要求吸收入法。修订现有法律法规中有关消落区保护的规定，确保相关管控制度和要求保持一致。

鉴于三峡水库生态环境安全的极端重要性，建议开展《三峡水库管理和保护条例》前期研究，对三峡水库涉及的规划协调、工程运行、水资源管理、水域岸线利用、库区绿色发展、责任分工、法律责任等方面做出详细规定，特别是建立和完善消落区利用、管理、保护、修复制度，规范消落区各类生产生活活动，为强化三峡水库管理和保护提供法律保障，也为我国其他大型水库的综合管理提供经验。

四、落实三峡库区水生态空间管控规划

在统一数据和土地分类平台下，开展三峡水库水生态空间管控规划的编制工作，与城乡规划、国土规划、区域空间生态环境影响评价有机衔接。结合重庆市、湖北省关于生态保护红线划定的成果，划定三峡工程水生态空间和水生态保护红线，绘制空间红线底图，融入空间规划体系；针对不同类型水生态空间，明确水资源、水环境、水生态等各类要素的差异化管控措施，推进山水林田湖草沙系统治理。在遵循国家、省级主体功能定位和“三区三线”空间管控的基础上，按照适度超前的原则，划定水利基础设施建设预留空间和廊道，在自然生态空间与保护红线划定、城镇空间和农业空间布局过程中预留必要的水利基础设施建设空间。

第二节　完善水生态空间管控机制

充分发挥三峡库区河湖长制平台作用，强化监督检查与考核问责激励，探索建立有效的统筹协调机制。探索上下游开发地区、受益地区与生态保护地区生态补偿机制，建立完善消落区分类管理、三峡库区限制开发区产业准入负面清单等制度。

一、建立健全三峡库区生态保护补偿机制

按照“谁受益谁补偿”的原则，探索上下游开发地区、受益地区与生态保护地区生态补偿机制，库区下游生态受益地区应采取资金补助、定向援助、对口支援等多种形式，对重点生态功能区由于加强生态环境保护造成的利益损失进行补偿，形成可持续的跨区域生态补偿机制。积极探索建立生态产品交易的市场化机制，推进水权、碳排放权、排污权交易，推行环境污染第三方治理。鼓励和支持渝、鄂、川等省市共同设立水环境保护

治理基金，加大对环境突出问题的联合治理力度。

二、建立三峡库区水生态空间管控目标责任和考核评价机制

充分发挥河湖长制作用，将三峡库区水生态空间管控预期目标、任务措施等纳入重庆市、湖北省各级河湖长的主要职责范围，层层分解、细化、落实，并且将管控目标实现情况、管控措施落实情况等纳入各级河湖长履职考核评价的重要内容，作为地方党政领导干部综合考核评价及自然资源资产离任审计的重要参考。强化监督检查与考核问责激励，库区水生态空间管控工作成效突出的地区，对相应河湖长给予奖励；库区水生态空间管控工作明显滞后、管控任务措施落实不力的地区，对相应河湖长给予通报批评，并提出限期整改要求，情节严重的按照《党政领导干部生态环境损害责任追究办法（试行）》等规定，进行责任追究。

三、建立三峡库区水生态空间管控协调机制

借助重庆市、湖北省两地河湖长制平台，探索建立有效的统筹协调机制：一是探索建立重庆与湖北省级河湖长联席会议机制，从流域层面分析研讨库区经济社会发展、水生态空间管控等问题对策，加强区域间共建合作与联防联控。二是健全完善部门联席会议机制，发挥省、市、县级河湖长的组织领导和统筹协调作用，加强三峡库区水利、生态环境、自然资源、林草、农业农村、交通、住建、发展改革、财政等行政主管部门与长江委、三峡集团之间的协作配合，协同推进库区的水生态空间管控工作。三是健全完善水利、生态环境、自然资源部门与公安、检察、法院等部门之间的联合执法和监督巡查机制，推动行政执法与刑事司法有效衔接。四是依托“智慧河长”等河湖长制信息系统，健全完善不同部门间水生态空间管控信息共享机制，建立库区水生态空间管控数据库。

四、建立完善消落区分类管理制度

三峡水库消落区作为一个新生的湿地生态系统，是一个不稳定的动态系统。综合考虑消落区区位、地形地貌及人类活动影响等因素，充分借鉴消落区保护修复经验，严格遵循“共抓大保护、不搞大开发”的理念，坚持规划先行、系统治理、因地制宜、分类施策。针对人口、建筑密集的城区、集镇，实施库岸环境综合整治，以维护地质稳定，保障群众的生命财产安全；针对缓坡、滩涂地区，采取自然修复为主、人工修复为辅的治理策略，要认真研究、广泛筛选适合消落区种植的耐淹植物品种，以促进消落区生态系统的修复；针对岸线利用、农作物种植等问题，完善细化相关规定，集约安全利用岸线资源。同时充分发挥河长制平台作用，将消落区的日常管理纳入河长制工作考核，推动形成消落区保护的强大合力。

五、建立三峡库区限制开发区产业准入负面清单制度

按照党中央、国务院关于长江经济带“共抓大保护、不搞大开发”的决策部署，要从国家层面优化沿江产业空间布局，制定更加严格的产业准入“门槛”，结合供给侧改革，坚决淘汰、限制、化解一批低效、高耗、重污染的产能。强化工业污染防治，重点整治上游流域内化工、造纸、电镀、水泥、印染、有色金属等重点行业，确保达标排放。提高三峡水库上游区域城乡污水垃圾收集处理和农业面源污染控制水平，减轻三峡水库污染负荷。完善船舶、港口、码头等污染物接收、转运、处置设施建设，加强临江危化物品收储转运安全管理。制定水生态空间环境准入负面清单，出台水生态空间限制开发区域内禁止准入及限制准入的行业清单、工艺清单、产品清单等环境负面清单。

六、充分夯实并发挥三峡库区河湖长制平台作用

充分发挥三峡库区河湖长制平台作用。利用联席会议机制、联合执法机制，强化水利与发展改革委、交通运输、规划、住建、生态环境、自然资源、农业农村、林草、公安等部门间在库区水生态空间管控上的协同联动，形成库区水生态管理、保护和治理修复的合力；健全完善信息共享渠道，通过“智慧河长”App平台、河湖长制信息系统平台，共享库区水质、水量、水生态以及水域岸线资源利用等相关数据，定期通报库区河湖清“四乱”工作进展情况以及库区河道采砂、涉河建设项目审批监管等情况，推动形成库区常态化监管，防范涉河违法违规行为和河湖“四乱”问题的发生。

附 录

附表 1　三峡库区水生态空间划分方案一

（一）陆域

序号	岸别	所属辖区	功能区类型	长度 /m	起止位置
1	左岸	夷陵区	保护区	5 684	三峡坝址
2		夷陵区	控制利用区	20 312	三峡坝址—引江补汉工程
3		夷陵区	保护区	12 144	引江补汉工程
4		夷陵区	控制利用区	6 360	引江补汉工程—美人沱码头
5		夷陵区、秭归县	保留区	58 646	美人沱码头—归州综合码头
6		秭归县	控制利用区	6 837	归州综合码头—吒溪河
7		秭归县	保留区	11 347	吒溪河—幺姑沱
8		秭归县	控制利用区	2 698	幺姑沱—柳树湾
9		秭归县、巴东县	保留区	33 846	柳树湾—东瀼溪口
10		巴东县	控制利用区	12 202	东瀼溪口—熊滩
11	右岸	夷陵区、秭归县	保护区	2 896	三峡坝址
12		秭归县	保留区	789	三峡坝址—凤凰山水源地保护区下游
13		秭归县	保护区	3 318	凤凰山水源地
14		秭归县	保留区	1 053	凤凰山水源地保护区上游—余家冲
15		秭归县	保护区	2 888	余家冲—九畹溪上游 1km
16		秭归县	控制利用区	36 262	九畹溪上游 1km—风竹坪
17		秭归县	保留区	4 514	风竹坪—江南码头
18		秭归县	控制利用区	4 430	江南码头—链子崖
19		秭归县	保留区	4 625	链子崖—香溪长江大桥下游 600m

续表

序号	岸别	所属辖区	功能区类型	长度 /m	起止位置
20	右岸	秭归县	控制利用区	2 811	香溪长江大桥下游 600m—郭家坝
21		秭归县	保留区	55 525	郭家坝—老黄岩
22		秭归县	控制利用区	4 116	老黄岩—巴东县界
23		巴东县	保留区	5 834	巴东县界—经堂湾
24		巴东县	控制利用区	12 477	经堂湾—西瀼坡

（二）水域

序号	所属辖区	功能区类型	面积 /km^2	起止位置
1	夷陵区、秭归县、巴东县	保留区	94.14	三峡坝址—彭家沱

附表 2　三峡库区水生态空间划分方案二

（一）陆域

序号	岸别	所属辖区	功能区类型	长度 /m	起止位置
1	左岸	巴东县	控制利用区	12 202	东瀼溪口—熊滩
2		巴东县	保留区	32 959	熊滩—湖北重庆交界处
3		巫山县	控制利用区	5 089	鳊鱼溪—白石鹭码头
4		巫山县	保留区	6 823	白石鹭码头—神女峰码头
5		巫山县	控制利用区	2 622	神女峰码头作业区
6		巫山县	保留区	3 949	神女峰码头—黄家湾煤炭码头
7		巫山县	控制利用区	3 491	黄家湾煤炭码头—横石溪码头
8		巫山县	保留区	6 723	横石溪码头—向家湾
9		巫山县	控制利用区	17 686	向家湾—石鼓
10		巫山县	保留区	12 012	石鼓—曲尺集镇码头
11		巫山县	控制利用区	3 368	曲尺集镇码头
12		巫山县、奉节县	保留区	26 533	曲尺集镇码头—叶家包

续表

序号	岸别	所属辖区	功能区类型	长度 /m	起止位置
13	右岸	巴东县	控制利用区	12 477	经堂湾—西瀼坡
14		巴东县	保留区	6 009	西瀼坡—楠木园
15		巴东县	控制利用区	3 809	楠木园—麻石滩
16		巴东县、巫山县	保留区	17 203	麻石滩—培石集镇码头
17		巫山县	控制利用区	4 762	培石集镇码头作业区
18		巫山县	保留区	5 992	培石集镇码头—青石码头
19		巫山县	控制利用区	2 386	青石码头作业区
20		巫山县	保留区	13 163	青石码头—夏家槽
21		巫山县	控制利用区	15 583	夏家槽—清溪河
22		巫山县	保留区	27 312	清溪河—大溪码头

（二）水域

序号	所属辖区	功能区类型	面积 /km^2	起止位置
1	夷陵区、秭归县、巴东县	保留区	94.14	三峡坝址—彭家沱
2	巴东县、巫山县	保护区	7.47	彭家沱—曲尺滩
3	巫山县	开发利用区	3.25	巫山县城区
4	巫山县	保留区	30.12	曲尺滩—大溪乡

附表 3　三峡库区水生态空间划分方案三

（一）陆域

序号	岸别	所属辖区	功能区类型	长度 /m	起止位置
1	左岸	巫山县、奉节县	保留区	26 533	曲尺集镇码头—叶家包
2		奉节县	控制利用区	6 277	叶家包—谭子崖
3		奉节县	保留区	4 067	谭子崖—陈家湾
4		奉节县	开发利用区	5 364	陈家湾—朱家
5		奉节县、云阳县	保留区	107 963	朱家—郑家咀

续表

序号	岸别	所属辖区	功能区类型	长度 /m	起止位置
6	右岸	巫山县	控制利用区	2 548	大溪码头作业区
7		巫山县、奉节县	保留区	9 449	大溪码头—稻子坪
8		奉节县	控制利用区	3 750	稻子坪—李家坝货运作业区
9		奉节县	保留区	19 826	李家坝货运作业区—南岸化危品码头
10		奉节县	控制利用区	8 132	南岸化危品码头—观武镇作业区
11		奉节县	保留区	15 166	观武镇作业区—生基湾
12		奉节县	开发利用区	2 244	生基湾—藕塘村
13		奉节县、云阳县	保留区	90 626	藕塘村—凤鸣镇

（二）水域

序号	所属辖区	功能区类型	面积 /km^2	起止位置
1	巫山县	保留区	30.12	曲尺滩—大溪乡
2	奉节县	保护区	4.06	大溪乡—倒吊和尚
3	奉节县	保留区	13.72	倒吊和尚—奉节县城区
4	奉节县	开发利用区	4.06	奉节县城区
5	奉节县、云阳县	保留区	58.98	奉节县城区—云阳县城区

附表 4　三峡库区水生态空间划分方案四

（一）陆域

序号	岸别	所属辖区	功能区类型	长度 /m	起止位置
1	左岸	奉节县、云阳县	保留区	107 963	朱家—郑家咀
2		云阳县	控制利用区	29 731	郑家咀—乔家院子
3		云阳县、万州区	保留区	11 080	乔家院子—八角咀
4		万州区	控制利用区	9 930	八角咀—韩家湾
5		万州区	开发利用区	4 974	韩家湾—双溪铺

续表

序号	岸别	所属辖区	功能区类型	长度 /m	起止位置
6	左岸	万州区	控制利用区	9 026	双溪铺—青树咀
7		万州区	保留区	2 031	青树咀—杨家院子
8		万州区	开发利用区	2 296	杨家院子—黄牛孔
9		万州区	控制利用区	3 241	黄牛孔—黄泥塘
10		万州区	保留区	64 973	黄泥塘—毛碓碛
11	右岸	奉节县、云阳县	保留区	90 626	藕塘村—凤鸣镇
12		云阳县	控制利用区	7 699	凤鸣镇—陶家坪
13		云阳县、万州区	保留区	36 548	陶家坪—长江四桥
14		万州区	开发利用区	5 426	长江四桥—罗家湾
15		万州区	控制利用区	17 757	罗家湾—下沱口
16		万州区	开发利用区	5 882	下沱口—沙湾子
17		万州区	控制利用区	5 696	沙湾子—新田镇
18		万州区	保留区	8 191	新田镇—新田作业区
19		万州区	开发利用区	3 538	新田作业区
20		万州区	保留区	80 405	新田作业区—石槽溪

（二）水域

序号	所属辖区	功能区类型	面积 /km^2	起止位置
1	奉节县、云阳县	保留区	58.98	奉节县城区—云阳县城区
2	云阳县	开发利用区	12.74	云阳县城区
3	云阳县、万州区	保留区	22.68	云阳县城区—万州区城区
4	万州区	开发利用区	32.04	万州区城区
5	万州区、石柱土家族自治县、忠县	保留区	79.50	万州区城区—忠县城区

附表5 三峡库区水生态空间划分方案五

（一）陆域

序号	岸别	所属辖区	功能区类型	长度 /m	起止位置
1	左岸	万州区	保留区	64 973	黄泥塘—毛碓碛
2		忠县	控制利用区	7 587	毛碓碛—秦家塝
3		忠县	保留区	2 811	秦家塝—曹溪
4		忠县	开发利用区	16 167	曹溪—甘井集镇码头
5		忠县	控制利用区	28 798	甘井集镇码头—关庙岭
6		忠县	保留区	10 459	关庙岭—海顺石化油库码头
7		忠县	开发利用区	1 116	海顺石化油库码头
8		忠县	保留区	2 011	海顺石化油库码头—杨家大湾
9		忠县	开发利用区	3 382	杨家大湾—曹家乡
10		忠县	控制利用区	26 594	曹家乡—沟上脚
11	右岸	万州区	保留区	80 405	新田作业区—石槽溪
12		石柱土家族自治县	保护区	1 751	石槽溪—西沱水厂
13		石柱土家族自治县	开发利用区	913	西沱水厂—西沱事务所
14		石柱土家族自治县	控制利用区	6 838	西沱事务所—吊岩脚
15		石柱土家族自治县	保留区	10 069	吊岩脚—庙溪
16		石柱土家族自治县	控制利用区	5 185	庙溪—陈家院子
17		石柱土家族自治县	开发利用区	3 805	陈家院子—河咀
18		石柱土家族自治县、忠县	控制利用区	7 961	河咀—赵家溪
19		石柱土家族自治县、忠县	开发利用区	7 092	赵家溪—临沿村
20		忠县	控制利用区	26 602	临沿村—东溪口
21		忠县	保留区	13 380	东溪口—康家沱

续表

序号	岸别	所属辖区	功能区类型	长度 /m	起止位置
22	右岸	忠县	开发利用区	21 833	康家沱—海螺水泥取水口
23		忠县	保留区	9 742	海螺水泥取水口—鱼洞溪
24		忠县	开发利用区	11 410	鱼洞溪—棕树堡
25	江心洲	忠县	开发利用区	4 333	皇华城
26		忠县	控制利用区	799	皇华城

（二）水域

序号	所属辖区	功能区类型	面积 /km^2	起止位置
1	万州区、石柱土家族自治县、忠县	保留区	79.50	万州县城区—忠县城区
2	万州区	保护区	8.93	武陵镇
3	忠县	保护区	4.08	石桥沟
4	忠县	开发利用区	7.22	忠县城区
5	忠县、丰都县	保留区	63.72	忠县城—镇江镇

附表 6　三峡库区水生态空间划分方案六

（一）陆域

序号	岸别	所属辖区	功能区类型	长度 /m	起止位置
1	左岸	忠县	控制利用区	26 594	曹家乡—沟上脚
2		丰都县	开发利用区	17 008	沟上脚—丁溪河口
3		丰都县	保留区	10 662	丁溪河口—五根树
4		丰都县	开发利用区	7 169	五根树—胡家岩
5		丰都县	保留区	2 650	胡家岩—龙洞湾
6		丰都县	控制利用区	2 941	龙洞湾—长江二桥
7		丰都县	保护区	492	长江二桥
8		丰都县	控制利用区	788	长江二桥—名山镇
9		丰都县	保留区	3 242	名山镇—观音滩
10		丰都县	保护区	936	观音滩—白沙沱水厂

续表

序号	岸别	所属辖区	功能区类型	长度 /m	起止位置
11	左岸	丰都县	保留区	568	白沙沱水厂水源地
12		丰都县	开发利用区	8 445	白沙沱水厂—石板滩
13		涪陵区	保留区	21 140	石板滩—斗笠盘
14		涪陵区	控制利用区	43 211	珍溪镇—江北水厂
15		涪陵区	保护区	1 141	江北水厂水源地
16		涪陵区	控制利用区	14 157	江北水厂—李渡水厂
17	右岸	丰都县	保留区	15 057	棕树堡—龙滩子
18		丰都县	开发利用区	8 161	龙滩子—八寿宫
19		丰都县	保留区	19 297	八寿宫—曹溪造船基地
20		丰都县	开发利用区	18 756	曹溪造船基地—王家渡作业区
21		丰都县	控制利用区	2 188	王家渡作业区—观景路
22		丰都县	开发利用区	2 819	观景路—长江二桥
23		丰都县	保护区	678	长江二桥
24		丰都县	开发利用区	6 613	长江二桥—长江大桥
25		丰都县	保护区	590	长江大桥
26		丰都县	保留区	1 833	长江大桥—湛普码头群
27		丰都县	控制利用区	2 178	湛普码头群
28		丰都县	保留区	4 191	湛普码头群—东方希望码头
29		丰都县、涪陵区	开发利用区	4 833	东方希望码头—落燕溪
30		涪陵区	保留区	12 907	落燕溪—涪陵核电
31		涪陵区	控制利用区	4 081	涪陵核电
32		涪陵区	保留区	11 235	涪陵核电—五盘溪
33		涪陵区	控制利用区	43 110	五盘溪—涪陵二水厂
34		涪陵区	保护区	1 433	涪陵二水厂水源地
35		涪陵区	控制利用区	28 218	涪陵二水厂—龙头港

（二）水域

序号	所属辖区	功能区类型	面积 /km²	起止位置
1	忠县、丰都县	保留区	63.72	忠县城—镇江镇
2	丰都县	开发利用区	6.89	镇江镇—丰都县城区
3	丰都县	保护区	9.78	丰都县城区
4	丰都县	开发利用区	5.29	丰都县城区—湛普镇
5	丰都县、涪陵区	保留区	8.45	湛普镇—南沱镇
6	涪陵区	保护区	14.20	南沱镇—珍溪镇
7	涪陵区	保留区	17.98	珍溪镇—清溪镇
8	涪陵区	开发利用区	25.65	清溪镇—蔺市镇

附表 7　三峡库区水生态空间划分方案七

（一）陆域

序号	岸别	所属辖区	功能区类型	长度 /m	起止位置
1	左岸	涪陵区	保护区	1 141	江北水厂水源地
2		涪陵区	控制利用区	14 157	江北水厂—李渡水厂
3		涪陵区	保护区	1 581	李渡水厂水源地
4		涪陵区	控制利用区	10 261	李渡水厂—鹤凤滩
5		涪陵区	保留区	15 068	鹤凤滩—镇安镇
6		涪陵区	控制利用区	6 981	镇安镇—峡门口
7		长寿区	保留区	1 761	峡门口—白沙湾
8		长寿区、渝北区	控制利用区	38 087	白沙湾—洛碛水厂
9		渝北区	保护区	3 693	洛碛水厂水源地
10		渝北区	控制利用区	2 622	洛碛水厂—洛碛镇
11		渝北区	保留区	430	洛碛镇—川庆化工厂
12		渝北区	保护区	1 597	川庆化工厂水源地
13		渝北区、重庆市主城区	保留区	24 565	川庆化工厂—王家湾
14		重庆市主城区	控制利用区	2 926	王家湾—鱼嘴水厂
15		重庆市主城区	保护区	860	鱼嘴水厂水源地
16		重庆市主城区	控制利用区	9 045	鱼嘴水厂—琏珠水厂
17		重庆市主城区	保护区	1 689	琏珠水厂水源地
18		重庆市主城区	控制利用区	8 206	琏珠水厂—望江机械厂

续表

序号	岸别	所属辖区	功能区类型	长度 /m	起止位置
19	右岸	涪陵区	保护区	1 433	涪陵二水厂水源地
20		涪陵区	控制利用区	28 218	涪陵二水厂—蔺市镇
21		涪陵区	保留区	4 268	蔺市镇—蔺市作业区
22		涪陵区	控制利用区	894	蔺市作业区
23		涪陵区	保留区	10 380	蔺市作业区—石沱镇
24		涪陵区	控制利用区	9 231	石沱镇—峡门口
25		长寿区	保留区	1 919	峡门口—石板沱
26		长寿区	控制利用区	26 457	石板沱—小岚垭
27		巴南区	保留区	12 002	小岚垭—麻柳作业区
28		巴南区	控制利用区	2 716	麻柳作业区
29		巴南区	保留区	24 509	麻柳作业区—张家沱
30		巴南区、重庆市主城区	控制利用区	11 317	张家沱—明月沱水厂
31		重庆市主城区	保护区	1 617	明月沱水厂水源地
32		重庆市主城区	控制利用区	5 191	明月沱水厂—白鹤滩
33		重庆市主城区	保留区	1 924	白鹤滩—东港作业区
34		重庆市主城区	控制利用区	11 939	东港作业区—广阳岛
35	江心洲	巴南区	保留区	4 876	南坪坝
36		巴南区	控制利用区	499	桃花岛
37		巴南区	保留区	9 064	桃花岛
38		重庆市主城区	控制利用区	12 544	广阳岛

（二）水域

序号	所属辖区	功能区类型	面积 /km^2	起止位置
1	涪陵区	开发利用区	25.65	清溪镇—蔺市镇
2	涪陵区	保护区	9.05	蔺市镇—镇安镇
3	涪陵区、长寿区	保留区	10.74	镇安镇—长寿区城区
4	长寿区	开发利用区	11.08	长寿区城区—扇沱乡
5	长寿区、巴南区、渝北区	保留区	11.36	扇沱乡—洛碛镇

续表

序号	所属辖区	功能区类型	面积 /km²	起止位置
6	巴南区、渝北区、重庆市主城区	保护区	13.60	洛碛镇—桃子坪
7	巴南区、重庆市主城区	保留区	5.44	桃子坪—木洞镇
8	巴南区、重庆市主城区	开发利用区	50.59	木洞镇—大渡口

附表 8　三峡库区水生态空间划分方案八

（一）陆域

序号	岸别	所属辖区	功能区类型	长度 /m	起止位置
1	左岸	重庆市主城区	控制利用区	9 045	鱼嘴水厂—琏珠水厂
2		重庆市主城区	保护区	1 689	琏珠水厂水源地
3		重庆市主城区	控制利用区	8 206	琏珠水厂—望江机械厂
4		重庆市主城区	保留区	1 732	望江机械厂—莲花背
5		重庆市主城区	控制利用区	11 245	莲花背—寸滩村
6		重庆市主城区	开发利用区	806	寸滩村—东渝水厂
7		重庆市主城区	保留区	328	东渝水厂水源地
8		重庆市主城区	保护区	864	东渝水厂水源地
9		重庆市主城区	保留区	558	东渝水厂水源地
10		重庆市主城区	开发利用区	5 319	东渝水厂—朝千隧道
11		重庆市主城区	控制利用区	6 086	朝千隧道—黄沙溪水厂
12		重庆市主城区	保护区	1 020	黄沙溪水厂水源地
13		重庆市主城区	控制利用区	3 321	黄沙溪水厂—和尚山水厂
14		重庆市主城区	保护区	1 363	和尚山水厂水源地
15		重庆市主城区	保留区	313	和尚山水厂水源地
16		重庆市主城区	开发利用区	16 599	和尚山水厂—活动溪
17		重庆市主城区	控制利用区	11 193	活动溪—丰收坝水厂
18		重庆市主城区	保护区	1 291	丰收坝水厂水源地
19		重庆市主城区	保留区	4 574	丰收坝水厂—小南海
20		重庆市主城区	开发利用区	2 851	小南海

续表

序号	岸别	所属辖区	功能区类型	长度 /m	起止位置
21	左岸	重庆市主城区	控制利用区	3 294	小南海—汤家沱水厂
22		重庆市主城区	保护区	727	汤家沱水厂水源地
23		重庆市主城区	控制利用区	5 964	汤家沱水厂—铜罐驿水厂
24		重庆市主城区	保护区	2 291	铜罐驿 / 四维水厂水源地
25		重庆市主城区	控制利用区	6 157	四维水厂—西铝水厂
26		重庆市主城区	保护区	1 226	西铝水厂水源地
27	右岸	重庆市主城区	控制利用区	11 939	东港作业区—广阳岛
28		重庆市主城区	保留区	1 469	广阳岛—郭家沱大桥
29		重庆市主城区	控制利用区	586	郭家沱大桥
30		重庆市主城区	保留区	3 141	郭家沱大桥—半山
31		重庆市主城区	控制利用区	14 988	半山—玄坛庙水厂
32		重庆市主城区	保护区	1 031	玄坛庙水厂水源地
33		重庆市主城区	保留区	2 780	玄坛庙水厂—南滨路旅游码头
34		重庆市主城区	控制利用区	727	南滨路旅游码头
35		重庆市主城区	保留区	425	南滨路旅游码头—黄桷渡水厂
36		重庆市主城区	保护区	1 131	黄桷渡水厂水源地
37		重庆市主城区	保留区	402	黄桷渡水厂—苏家坝
38		重庆市主城区	控制利用区	6 801	苏家坝—白洋滩水厂
39		重庆市主城区	保护区	1 104	白洋滩水厂水源地
40		巴南区	控制利用区	7 953	白洋滩水厂—牛草沟
41		巴南区	保留区	360	牛草沟—南城水厂
42		巴南区	保护区	1 143	南城水厂水源地
43		巴南区	保留区	617	南城水厂—华陶瓷业
44		巴南区	控制利用区	6 221	华陶瓷业—洞青塝
45		巴南区	保护区	1 895	洞青塝—兰家湾
46		巴南区	控制利用区	1 795	兰家湾—鱼洞水厂

续表

序号	岸别	所属辖区	功能区类型	长度 /m	起止位置
47	右岸	巴南区	保护区	1 010	鱼洞水厂水源地
48		巴南区	控制利用区	2 485	鱼洞水厂—大江水厂
49		巴南区	保护区	1 214	大江水厂水源地
50		巴南区、江津区	保留区	8 185	大江水厂—珞璜镇
51		江津区	开发利用区	890	珞璜镇
52		江津区	保护区	965	珞璜镇水厂水源地
53		江津区	控制利用区	23 369	珞璜镇水厂—贾坝沱
54	江心洲	重庆市主城区	控制利用区	12 544	广阳岛
55		巴南区	保留区	8 717	大中村

（二）水域

序号	所属辖区	功能区类型	面积 /km^2	起止位置
1	重庆市主城区、巴南区	开发利用区	50.59	木洞镇—大渡口
2	重庆市主城区、巴南区、江津区	保留区	31.90	大渡口—库尾

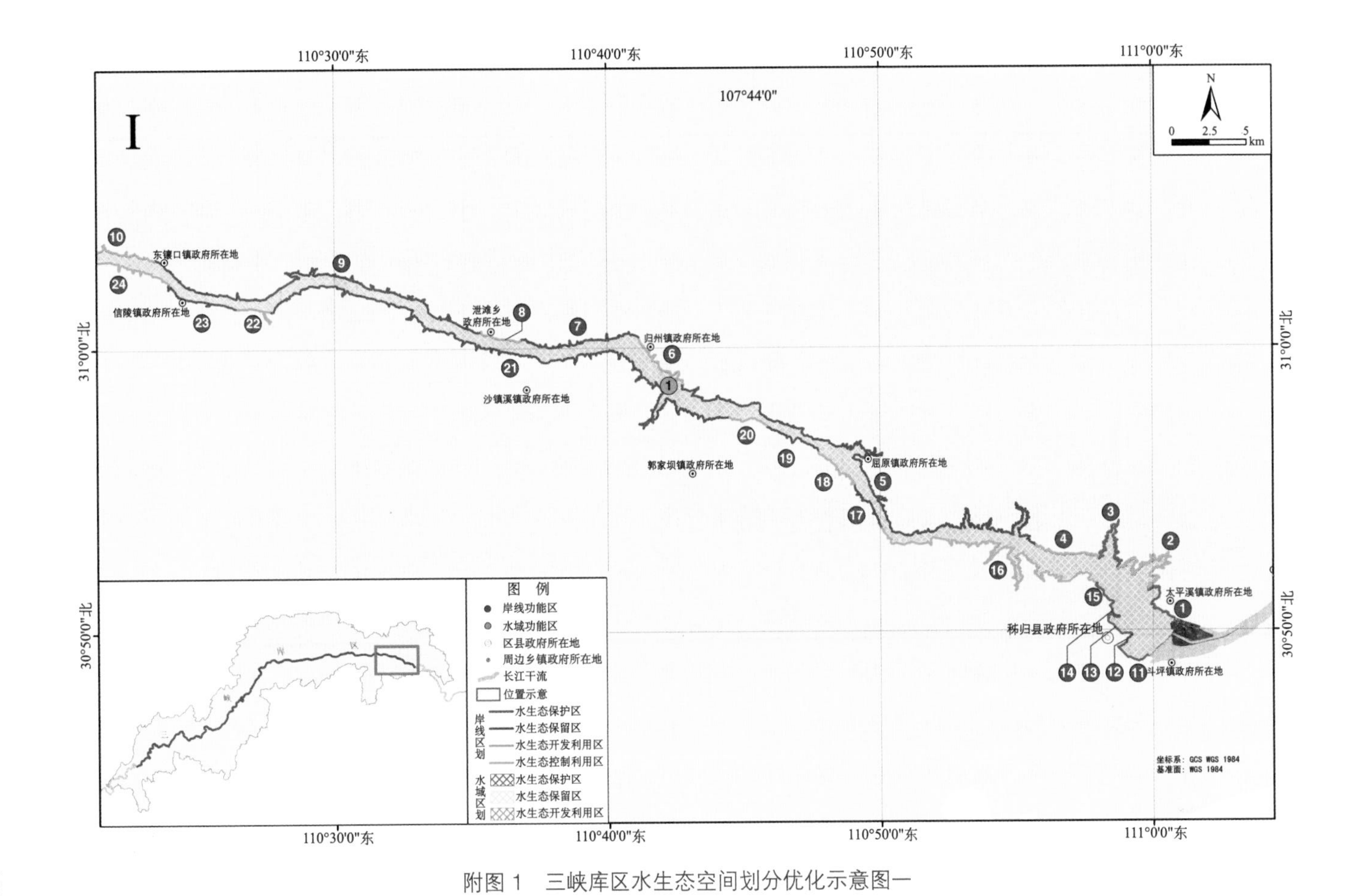

附图 1 三峡库区水生态空间划分优化示意图一

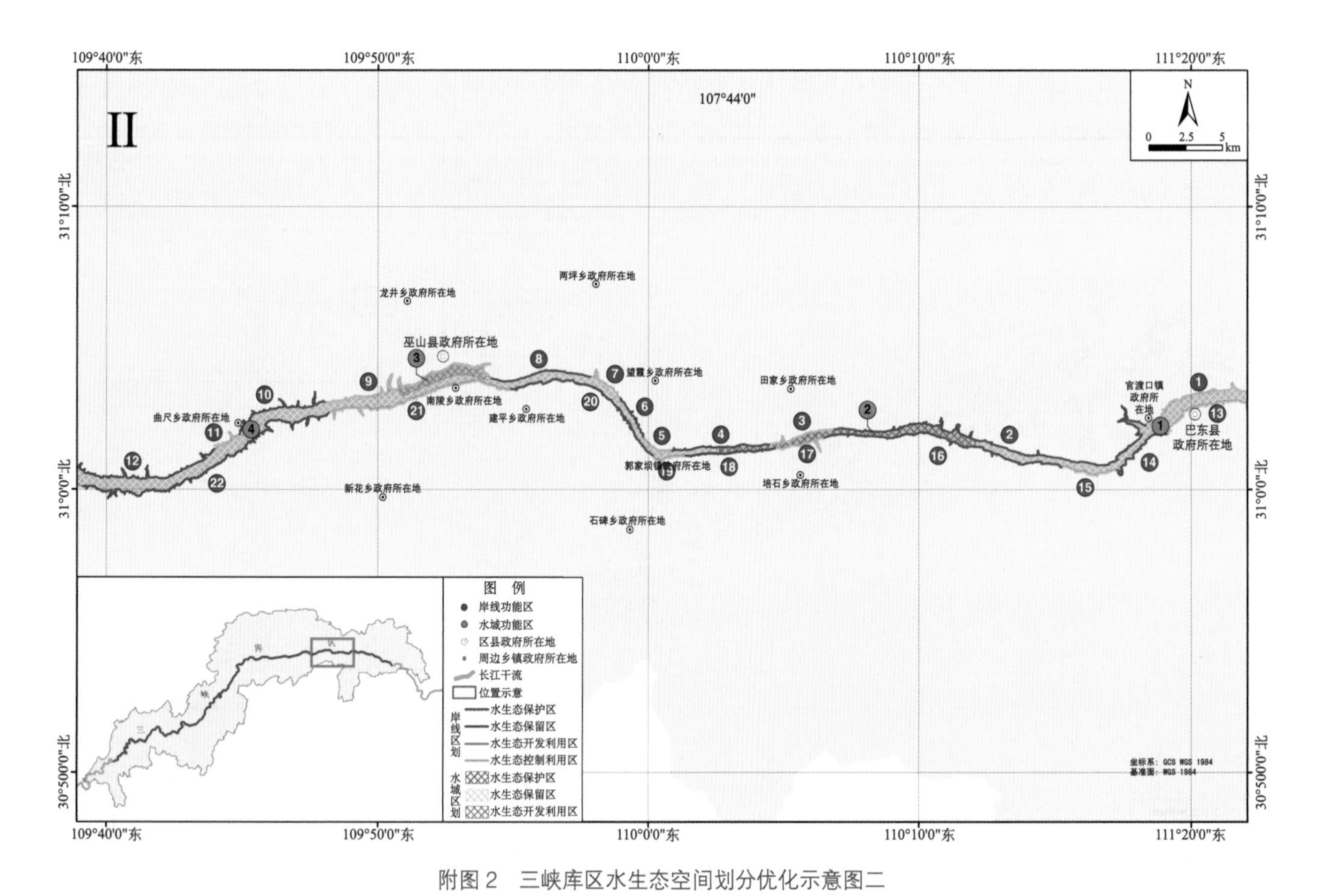

附图 2　三峡库区水生态空间划分优化示意图二

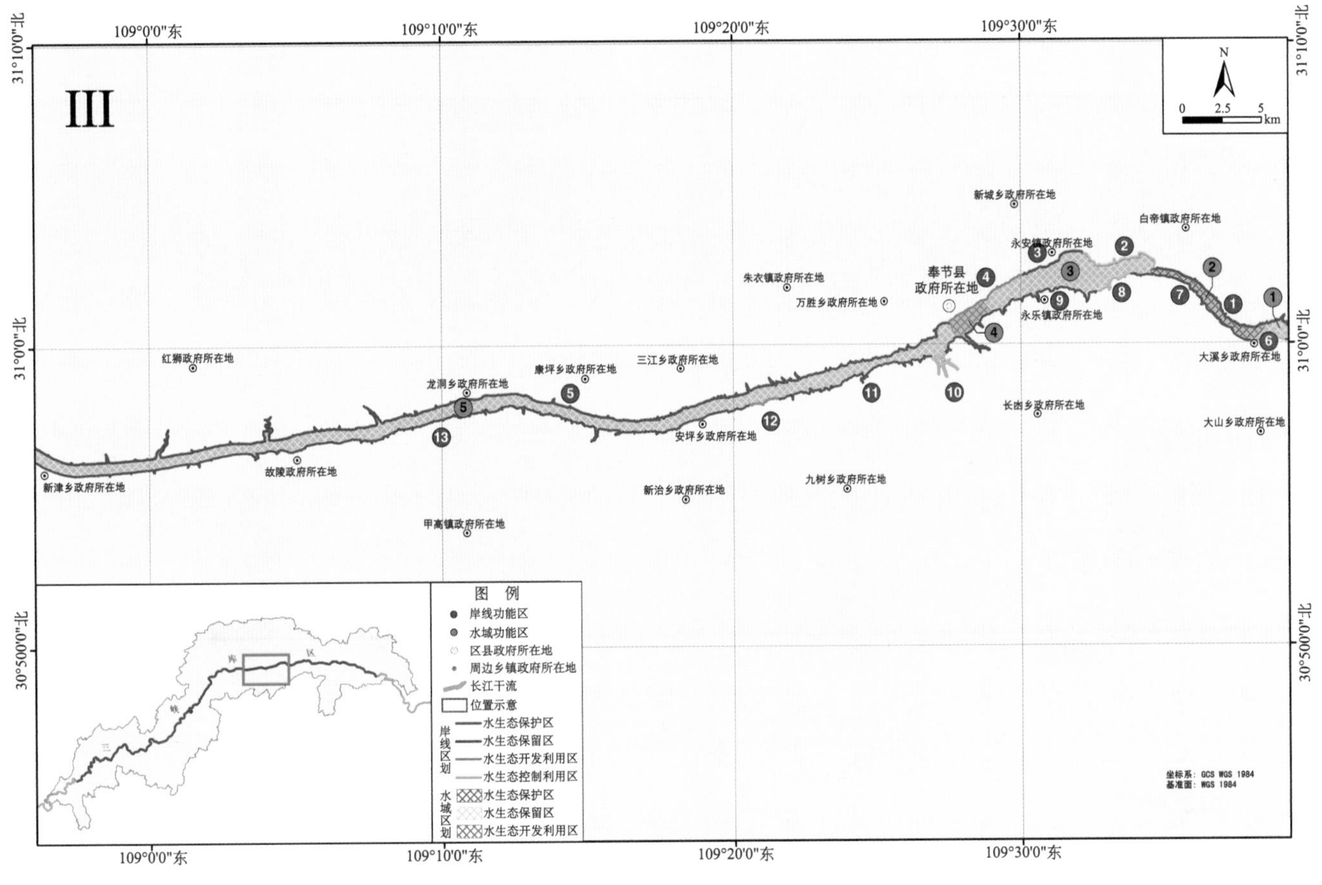

附图 3 三峡库区水生态空间划分优化示意图三

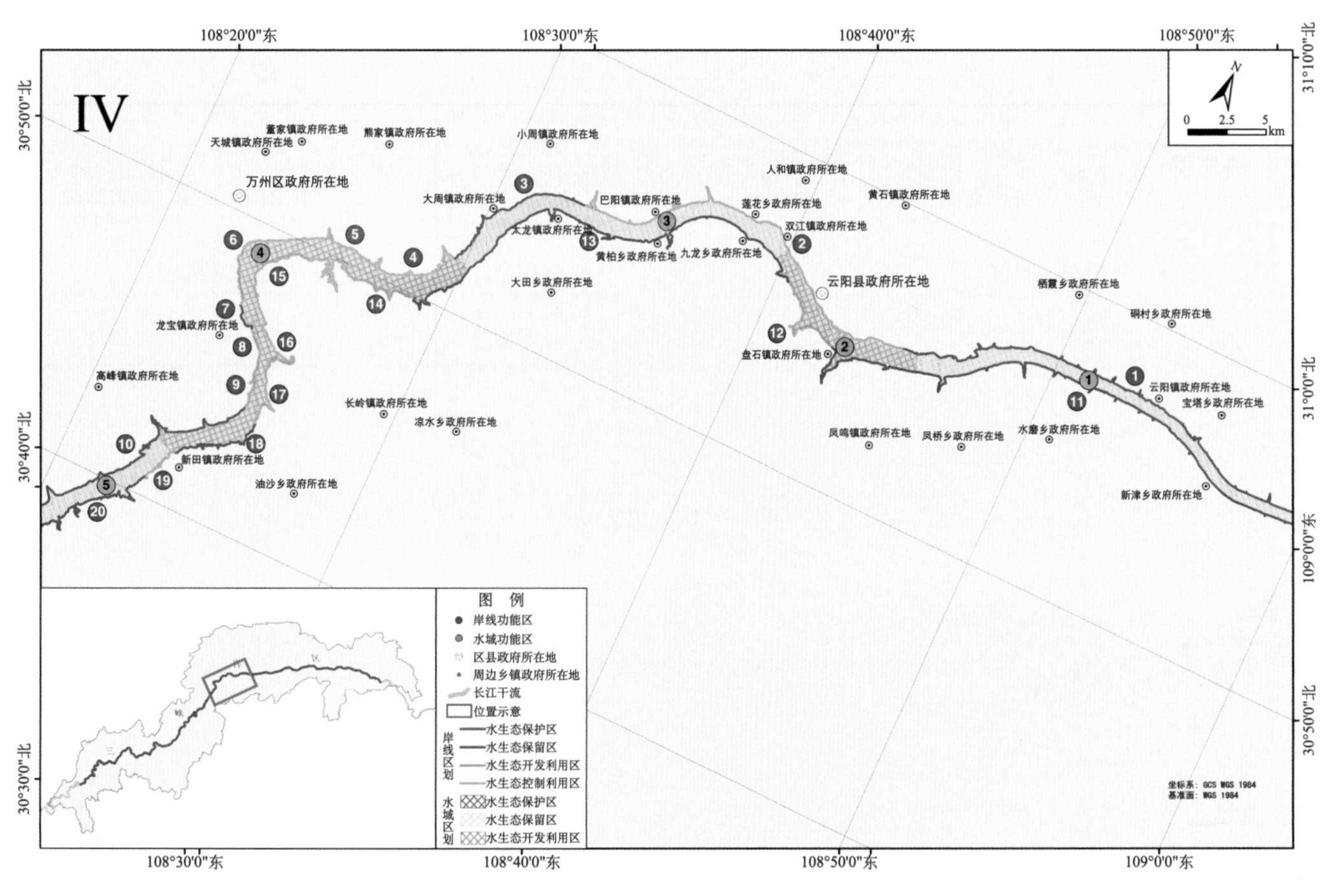

附图4　三峡库区水生态空间划分优化示意图四

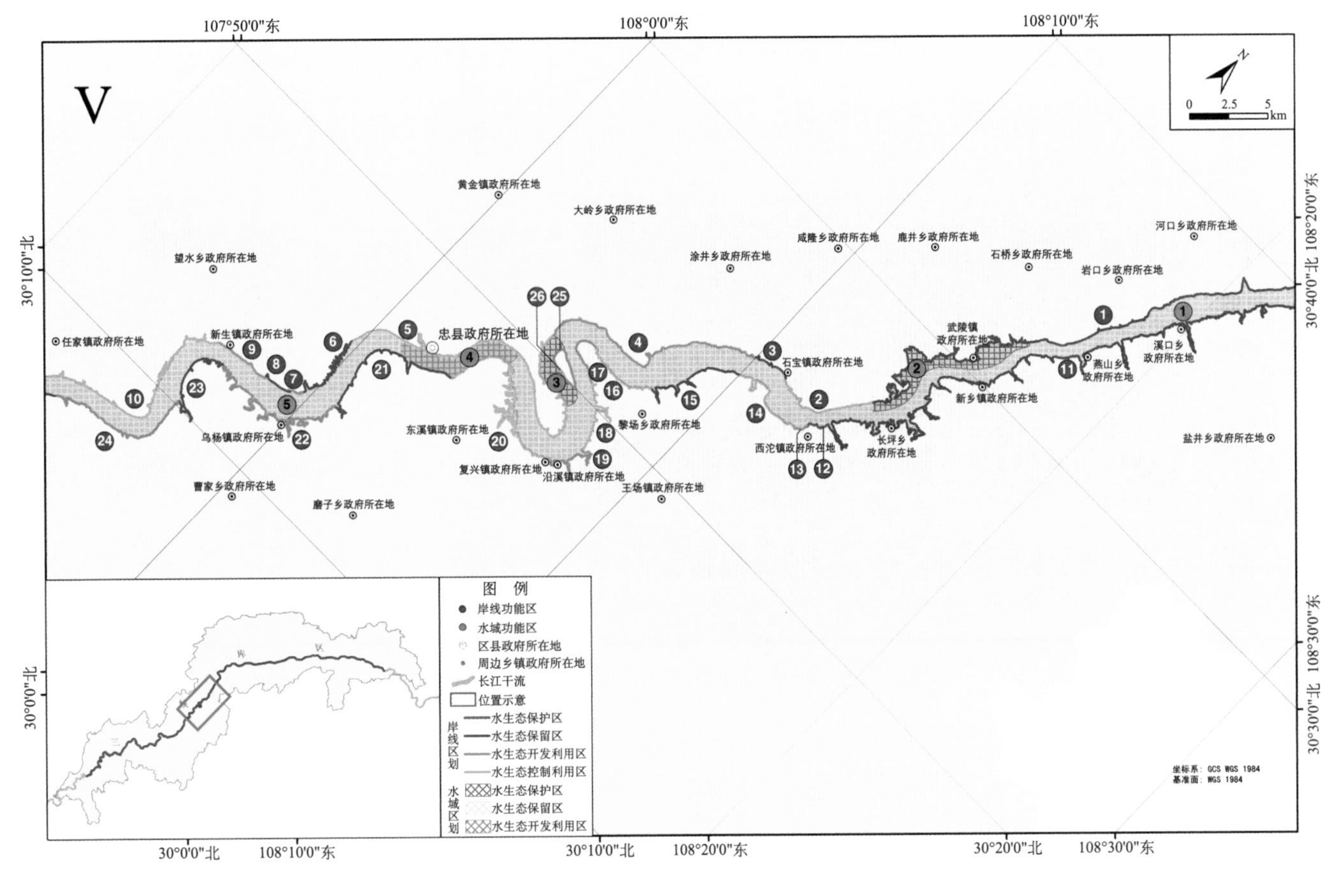

附图 5　三峡库区水生态空间划分优化示意图五

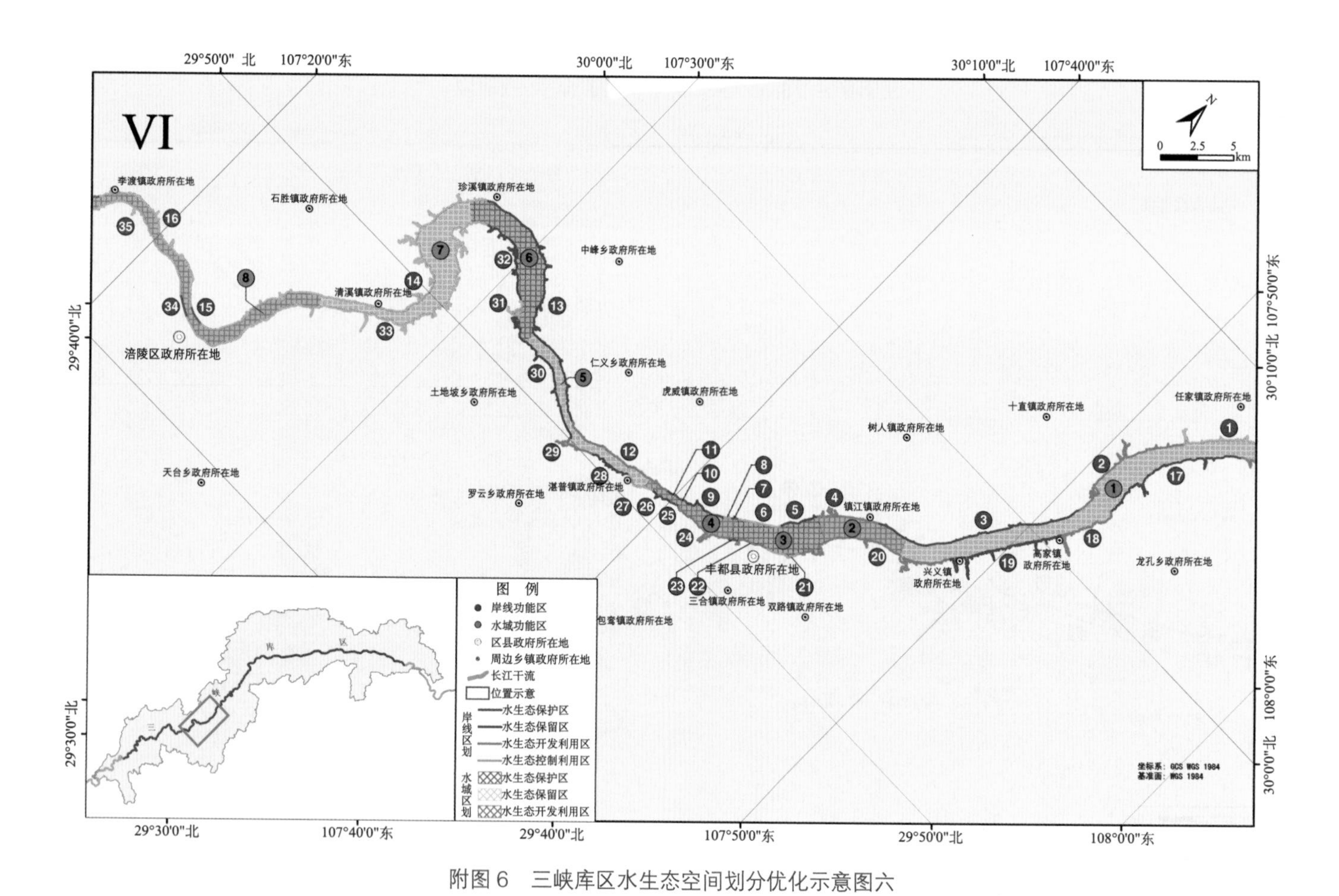

附图6 三峡库区水生态空间划分优化示意图六

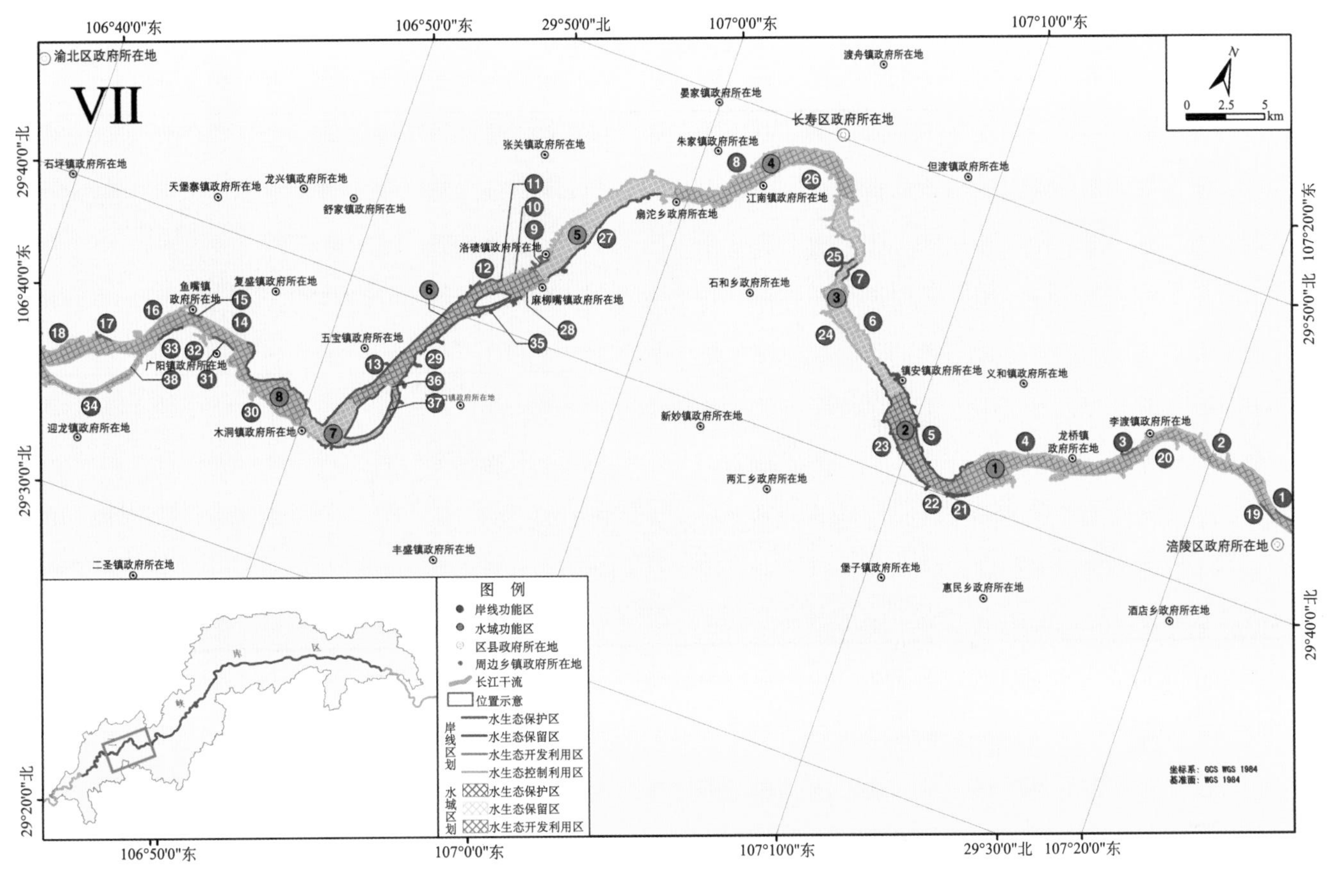

附图 7　三峡库区水生态空间划分优化示意图七

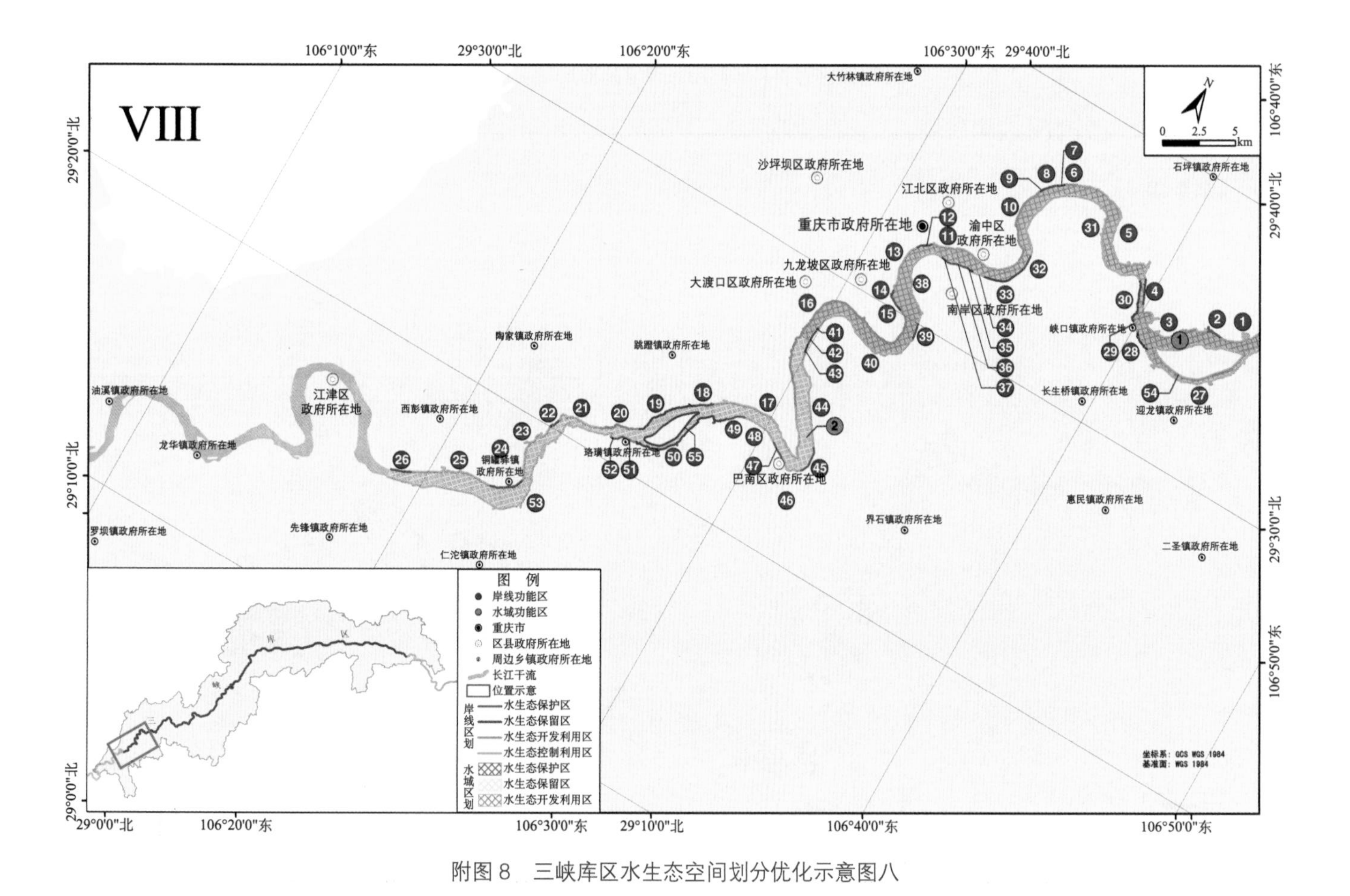

附图8 三峡库区水生态空间划分优化示意图八

参考文献

[1] 郑骆珊，李阳兵，汪荣，等 .1990—2020 年三峡库区植被覆盖转型及其驱动因素研究 [J/OL]. 生态学报，2023，(14)：1-14[2023-04-05].

[2] 《重庆市三峡水库消落区管理办法》（重庆市人民政府公报，2023 年）.

[3] 姜大川，韩沂桦，杨晓茹，等 . 三峡工程高质量发展概念内涵和实施路径研究 [J]. 中国水利，2023，(04)：47-50.

[4] 鄂施璇，李琴，张露洋 . 三峡库区土地利用碳排放格局及碳补偿 [J/OL]. 水土保持通报：1-7[2023-04-05].

[5] 张志永，向林，万成炎，等 . 三峡水库消落区植物群落演变趋势及优势植物适应策略 [J]. 湖泊科学，2023，35(02)：553-563.

[6] 黄桂云，蔡玉鹏，徐敏，等 . 三峡水库近坝段消落区土壤重金属分布特征及污染评价 [J/OL]. 水生态学杂志：1-9[2023-04-05].

[7] 王琳，丁放，曹坤，等 . 长江流域水域及消落区现状、变迁与渔业资源变动 [J]. 水产学报，2023，47(02)：31-49.

[8] 付春晖，叶祯祥 . 湖北数字：湖北旅游总收入 (亿元) 及增速 [M]// 湖北统计年鉴 . 北京：中国统计出版社，2022.

[9] 张伟国 . 长江三峡工程管理法治建设简论 [J]. 水利发展研究，2023，23(01)：27-31.

[10] 王兆林，张露洋，钟溦懿，等 . 三峡库区生态空间脆弱性时空演变特征 [J]. 水土保持研究，2023，30(01)：348-355.

[11] 张定军，徐成剑，邱利文，等 . 三峡水库近坝段消落区植物群落分布特征研究 [J]. 人民长江，2022，53(11)：42-46.

[12] 李姗泽，王雨春，包宇飞，等 . 关于三峡工程综合运行管理的战略思考 [C]// 中国水利学会 . 2022 中国水利学术大会论文集（第七分册），2022：271-274.

[13] 余明星，涂建峰，黄波，等 . 丹江口库区及上游水生态环境安全保障对策研究 [C]// 中国水利学会 . 2022 中国水利学术大会论文集（第二分册），2022：77-80.

[14] 杨弘毅，李涛明 . 第二十一章・三峡工程重庆库区移民：表 21.1 三峡工程重庆库区经济和社会发展情况（2020—2021 年）[M]// 重庆统计年鉴 . 北京：中国统计出版社，2022：643-645.

[15] 习近平 . 高举中国特色社会主义伟大旗帜 为全面建设社会主义现代化国家而团结奋斗 [N]. 人民日报，2022-10-26(001).

[16] 刘江帆，唐臣臣 . 三峡水库消落区植被生态恢复研究 [J]. 长江技术经济，2022，6(05)：34-39.

[17] 宋思敏，肖宜，龙子泉，等 . 三峡库区岸线资源利用项目效益量化分析研究 [J]. 中国农村水利水电，2022(10)：211-218，227.

[18] 康文健，赵钟楠，魏钰，等 . 涉水生态空间管控制度体系研究 [J]. 人民长江，2023，54(03)：43-48.

[19] 三峡工程 [J]. 中国水利，2022(17)：3.

[20] 勾蒙蒙，刘常富，肖文发，等 . 基于生态系统服务供需关系的长江三峡库区分区管理 [J]. 陆地生态系统与保护学报，2022，2(04)：1-12.

[21] 张百灵 . 生态空间管控的立法模式与制度体系 [J]. 政法论丛，2022(03)：151-160.

[22] 王力，刘婷，王世梅，等 . 三峡库区土质岸坡塌岸发育分布特征与易发性评价 [J]. 长江流域资源与环境，2022，31(08)：1853-1865.

[23] 陈海山，汪阳 . 超大型水利设施防洪与区域经济发展：以三峡工程为例 [J]. 世界经济，2022，45(05)：137-161.

[24] 王欲敏，曾德芳，阙思思，等 . 三峡库区水质及影响因素的典型相关分析 [J]. 净水技术，2022，41(04)：41-47，74.

[25] 姚金忠，范向军，杨霞，等 . 三峡库区重点支流水华现状、成因及防控对策 [J]. 环境工程学报，2022，16(06)：2041-2048.

[26] 周启刚，王陶，刘栩位，等 . 三峡库区消落带生境质量时空演变特征及其地形梯度效应研究 [J]. 地域研究与开发，2022，41(02)：155-160.

[27] 李发鹏，周晓花，孙波扬 . 关于三峡水库管理立法的思考 [J]. 水利发展研究，2022，22(04)：53-56.

[28] 焦朋朋，陈洪凯，张金浩，等 . 三峡库区消落带滑坡灾害引发生态环境问题的研究进展 [J]. 重庆师范大学学报（自然科学版），2022，39(02)：46-55.

[29] 安敏，李文佳，吴海林，等 . 三峡库区生态环境质量的时空格局演变及影响因素 [J]. 长江流域资源与环境，2022，31(12)：2743-2755.

[30] 潘惠，童梅 . 丹江口水库水流产权确权试点探索 [J]. 人民长江，2022，53(02)：54-60.

[31] 陈佳，董世勇 . 重庆市三峡水库消落区管理现状与优化研究 [J]. 水利发展研究，2022，22(02)：77-82.

[32] 郭宜薇，丁文峰，朱秀迪，等 . 三峡库区重金属含量空间分布及污染状况 [J]. 水土保持通报，2021，41(06)：105-112.

[33] 王冠军，戴向前，李发鹏，等 . 三峡工程水生态空间管控范围分析 [J]. 水利发展研究，2021，21(12)：19-21.

[34] 王蕾，师贺雄，陈本文，等 . 基于 GIS 的三峡库区消落带土地利用研究进展 [J]. 农技服务，2021，38(11)：65-69.

[35] 吴锦泽，张宏锋，叶晓颖 . 广东省生态空间管控实践研究 [J]. 环境生态学，2021，3(10)：16-20.

[36] 刘可暄，王冬梅，张满富，等 . 密云水库流域水生态空间管控思路探讨 [J]. 北京水务，2021(04)：43-46.

[37] 蒋光毅，黄嵩，郭宏忠 . 三峡库区水土流失综合治理现状与展望 [J]. 中国水土保持，2021，(08)：27-29.

[38] 康慧强 . 生态保护红线法律制度研究 [D]. 重庆：重庆大学，2021.

[39] 罗元华 . 奋力续写三峡工程管理“大文章”全力保障“大国重器”运行

安全 [J]. 中国水利，2021(10)：1-3.

[40] 吴中全 . 生态红线区生态补偿机制研究 [D]. 重庆：西南大学，2021.

[41] 李国英，雷鸣山 . 三峡工程，国之重器 [J]. 中国三峡，2021(03)：1-2.

[42] 任骁军，邹曦 . 三峡库区支流系统治理的问题和对策 [J]. 三峡生态环境监测，2021，6(03)：1-8.

[43] 尹鑫，沙海飞，张海滨，等 . 基于分区分类功能的江苏省河湖空间管控框架 [J]. 水资源保护，2020，36(06)：86-92.

[44] 张志永，胡晓红，向林，等 . 三峡水库消落区植物群落结构及其季节性变化规律 [J]. 水生态学杂志，2020，41(06)：37-45.

[45]《水利部关于丹江口水库管理工作的实施意见》(中华人民共和国水利部公报，2020 年).

[46] 江小青，孔繁忠 . 三峡库区库岸稳定与岸线变化趋势分析 [J]. 长江技术经济，2020，4(02)：5-11.

[47] 刘鑫，刘建军 . 甘肃省疏勒河水域岸线空间管控方法与经验探讨 [J]. 水利发展研究，2020，20(06)：40-43.

[48] 李敏 . 三峡水库涪陵段消落区管理问题及对策建议 [J]. 中国水利，2020，(08)：30-33.

[49] 张倩 . 重庆市水资源压力的时空差异及其影响因素研究 [D]. 重庆：西南大学，2020.

[50] 程茂吉，陶修华，张彦 . 生态空间的系统化构建和差异化管控研究 [J]. 规划师，2020，36(02)：48-53.

[51] 高吉喜，徐德琳，乔青，等 . 自然生态空间格局构建与规划理论研究 [J]. 生态学报，2020，40(03)：749-755.

[52] 王雅竹，段学军 . 生态红线划定方法及其在长江岸线中的应用 [J]. 长江流域资源与环境，2019，28(11)：2681-2690.

[53] 韩全林，刘劲松，游益华 . 江苏省河湖空间管控的实践与思考 [J]. 水利发展研究，2019，19(10)：18-21，32.

[54] 汪雪，王晓瑜 . 自然生态空间管控制度框架研究 [C]// 中国城市科学研究会，郑州市人民政府，河南省自然资源厅，等 . 2019 城市发展与规划论文集，2019：1327-1333.

[55] 阮锐，舒世燕，熊文 . 重庆市三峡库区消落带保护与治理探讨 [J]. 浙江林业科技，2019，39(04)：72-79.

[56] 许典子 . 三峡库区流域水资源承载能力评价与预警研究 [D]. 武汉：武汉大学，2019.

[57] 张天绪，朱吾中，宋思敏 . 三峡水库消落区岸线环境综合整治思路初探 [J]. 人民长江，2018，49(20)：69-73.

[58] 何雄伟 . 生态保护红线与大湖流域生态空间管控 [J]. 企业经济，2018，37(10)：150-157.

[59] 黄艳 . 面向生态环境保护的三峡水库调度实践与展望 [J]. 人民长江，2018，49(13)：1-8.

[60] 熊善高，万军，秦昌波，等 ."三线一单"中生态空间分区管控的思路与实践 [J]. 中华环境，2018，(Z1)：47-49.

[61] 周晖，李俊玲，罗春燕 . 三峡库区库岸整治规划回顾及思考 [J]. 水利水电快报，2017，38(12)：22-26.

[62] 李世佳，张安明，郭欢欢，等 . 三峡库区县域土地生态红线划定研究——以重庆市江津区为例 [J]. 广东农业科学，2017，44(10)：52-58，3.

[63] 朱党生，张建永，王晓红，等 . 推进我国水生态空间管控工作思路 [J]. 中国水利，2017，(16)：1-5.

[64] 邱冰，刘伟，张建永，等 . 水生态空间管控制度建设探索 [J]. 中国水利，2017，(16)：16-20.

[65] 杨晴，张梦然，赵伟，等 . 水生态空间功能与管控分类 [J]. 中国水利，2017，(12)：3-7，21.

[66] 杨晴，赵伟，张建永，等 . 水生态空间管控指标体系构建 [J]. 中国水利，

2017，(09)：1-5.

[67] 杨晴，王晓红，张建永，等.水生态空间管控规划的探索[J].中国水利，2017，(03)：6-9.

[68] 朱吾中，张天绪，杨宇.三峡库区消落区库岸治理施工特点及导流度汛方案[J].水电与新能源，2016，(09)：25-27.

[69] 张天绪，宋思敏，朱吾中.三峡库区某河流河道及消落区岸线综合整治[J].科技视界，2016，(24)：265-266，308.

[70] 潘晓洁，万成炎，张志永，等.三峡水库消落区的保护与生态修复[J].人民长江，2015，46(19)：90-96.

[71] 中共中央国务院关于加快推进生态文明建设的意见[N].人民日报，2015-05-06(001).

[72] 巫勇.湖北：划定生态红线 守护青山绿水[J].环境保护，2014，42(Z1)：34-36.

[73] 江小青，罗晓峰，李俊玲，等.三峡库区岸线利用与管理初步研究[J].人民长江，2011，42(S2)：194-196，213.

[74] 卢金友，张细兵，黄悦.三峡工程对长江中下游河道演变与岸线利用影响研究[J].水电能源科学，2011，29(05)：73-76.

[75] 张生舞.三峡库区核心区水资源保护与利用管理体制研究[D].重庆：重庆大学，2010.

[76]《三峡水库调度和库区水资源与河道管理办法》（中华人民共和国水利部公报，2008年）.

[77] 时香丽.法规·文献：国务院办公厅关于加强三峡工程建设期三峡水库管理的通知[M]//中国三峡建设年鉴.北京：中国三峡建设年鉴社，2005：17-20.